张景中科普文集

ZHANG JINGZHONG KEPU WENJI

张景中◎著

面积关系帮你解题

長江出版傳媒
湖北科学技术出版社

图书在版编目（CIP）数据

面积关系帮你解题 / 张景中著. -- 武汉:湖北科学技术出版社，2017.6（2022.1 重印）
ISBN 978-7-5352-9541-5

Ⅰ. ①面… Ⅱ. ①张… Ⅲ. ①面积—少年读物 Ⅳ. ①O123.3-49

中国版本图书馆 CIP 数据核字(2017)第 172467 号

责任编辑：王小芳　　封面设计：喻　杨

出版发行：湖北科学技术出版社　　电话：027-87679468
地　　址：武汉市雄楚大街 268 号　　邮编：430070
（湖北出版文化城 B 座 13-14 层）
网　　址：http：//www.hbstp.com.cn

印　　刷：湖北画中画印刷有限公司　　邮编：441300

700×1000　1/16　7.25 印张　120 千字
2017 年 8 月第 1 版　　2022 年 1 月第 2 次印刷
定价：32.00 元

总序

ZONGXU

感谢湖北科学技术出版社督促我将这30多年里写的科普作品回顾整理一下。我想人的天性是懒的，就像物体有惰性。要是没什么鞭策，没什么督促，很多事情就做不成。我的第一本科普书《数学传奇》，就是在中国少年儿童出版社的文赞阳先生督促下写成的。那是1979年暑假，他到成都，到我家里找我。他说你还没有出过书，就写一本数学科普书吧。这么说了几次，盛情难却，我就试着写了，自己一读又不满意，就撕掉重新写。那时没有电脑或打字机，是老老实实用笔在稿纸上写的。几个月下来，最后写了6万字。他给我删掉了3万，书就出来了。为什么要删？文先生说，他看不懂的就删，连自己都看不懂，怎么忍心印出来给小朋友看呢？书出来之后，他高兴地告诉我，很受欢迎，并动员我再写一本。

后来，其他的书都是被逼出来的。湖南教育出版社出版的《数学与哲学》，是我大学里高等代数老师丁石孙先生主编的套书中的一本。开策划会时我没出席，他们就留了"数学与哲学"这个题目给我。我不懂哲学，只好找几本书老老实实地学了两个月，加上自己的看法，凑出来交卷。书中对一些古老的话题如"飞矢不动""白马非马""先有鸡还是先有蛋""偶然与必然"，冒昧地提出自己的看法，引起了读者的兴趣。此书后来被3家出版社出版。又被选用改编为数学教育方向的《数学哲学》教材。其中许多材料还被收录于一些中学的校本教材之中。

《数学家的眼光》是被陈效师先生逼出来的。他说，您给文先生写了书，他退休了，我接替他的工作，您也得给我写。我经不住他一再劝说，就答应下来。一答应，就像是欠下一笔债似的，只好想到什么就写点什么。5年积累下来，写成了6万字的一本小册子。

这是外因，另外也有内因。自己小时候接触了科普书，感到帮助很大，印象很深。比如苏联伊林的《十万个为什么》《几点钟》《不夜天》《汽车怎样会跑路》；我国顾均正的《科学趣味》和他翻译的《乌拉·波拉故事集》，刘薰宇的《马先生谈算学》和《数学的园地》，王峻岑的《数学列车》。这些书不仅读起来有趣，读后还能够带来悠长的回味和反复的思索。还有法布尔的《蜘蛛的故事》和《化学奇谈》，很有思想，有启发，本来看上去很普通的事情，竟有那么多意想不到的奥妙在里面。看了这些书，就促使自己去学习更多的科学知识，也激发了创作的欲望。那时我就想，如果有人给我出版，我也要写这样好看的书。

法布尔写的书，以十大卷的《昆虫记》为代表，不但是科普书，也可以看成是科学专著。这样的书，小朋友看起来趣味盎然，专家看了也收获颇丰。他的科学研究和科普创作是融为一体的，令人佩服。

写数学科普，想学法布尔太难了。也许根本不可能做到像《昆虫记》那样将科研和科普融为一体。但在写的过程中，总还是禁不住想把自己想出来的东西放到书里，把科研和科普结合起来。

从一开始，写《数学传奇》时，我就努力尝试让读者分享自己体验过的思考的乐趣。书里提到的“五猴分桃”问题，在世界上流传已久。20世纪80年代，诺贝尔奖获得者李政道访问中国科学技术大学，和少年班的学生们座谈时提到这个问题，少年大学生们一时都没有做出来。李政道介绍了著名数学家怀德海的一个巧妙解答，用到了高阶差分方程特解的概念。基于函数相似变换的思想，我设计了“先借后还”的情景，给出一个小学生能够懂的简单解法。这个小小的成功给了我很大的启发：写科普不仅仅是搬运和解读知识，也要深深地思考。

在《数学家的眼光》书中，提到了祖冲之的密率355/113有什么好处的问题。数学大师华罗庚在《数论导引》一书中用丢番图理论证明了，所有分母不超过366的分数中，355/113最接近圆周率π。另一位数学家夏道行，在他的《e和π》一书中用连分数理论推出，分母不超过8000的分数中，355/113最接近圆周率π。在学习了这些方法的基础上我做了进一步探索，只用初中数学中的不等式知识，不多几行的推导就能证明，分母不超过 16586 的分数中，355/113 是最接近 π 的冠军。而 52163/16604 比 355/113 在小数后第七位上略精确一点，但分母却大了上百倍！

我的老师北京大学的程庆民教授在一篇书评中，特别称赞了五猴分桃的新解法。著名数学家王元院士，则在书评中对我在密率问题的处理表示欣赏。学术前辈的鼓励，是对自己的鞭策，也是自己能够长期坚持科普创作的动力之一。

在科普创作时做过的数学题中，我认为最有趣的是生锈圆规作图问题。这个问题是美国著名几何学家佩多教授在国外刊物上提出来的，我们给圆满地解决了。先在国内作为科普文章发表，后来写成英文刊登在国外的学术期刊《几何学报》上。这是数学科普与科研相融合的不多的例子之一。佩多教授就此事发表过一篇短文，盛赞中国几何学者的工作，说这是他最愉快的数学经验之一。

1974 年我在新疆当过中学数学教师。一些教学心得成为后来科普写作的素材。文集中多处涉及面积方法解题，如《从数学教育到教育数学》《新概念几何》《几何的新方法和新体系》等，源于教学经验的启发。面积方法古今中外早已有了。我所做的，主要是提出两个基本工具（共边定理和共角定理），并发现了面积方法是具有普遍意义的几何解题方法。1992 年应周咸青邀请访美合作时，从共边定理的一则应用中提炼出消点算法，发展出几何定理机器证明的新思路。接着和周咸青、高小山合作，系统地建立了几何定理可读证明自动生成的理论和算法。杨路进一步把这个方法推广到非欧几何，并发现了一批非欧几何新定理。国际著名计算机科学家保伊尔（Robert S. Boyer）将此誉为计算机处理几何问题发展道路上的里程碑。这一工作获 1995 年中国科学院自然科学一等奖和 1997 年国家自然科学二等奖。从教学到科普又到科学研究，20 年的发展变化实在出乎自己的意料！

在《数学家的眼光》中，用一个例子说明，用有误差的计算可能获得准确的结果。基于这一想法，最近几年开辟了“零误差计算”的新的研究方向，初步有了不错的结果。例如，用这个思想建立的因式分解新算法，对于两个变元的情形，比现有方法效率有上千倍的提高。这个方向的研究还在发展之中。

1979—1985 年，我在中国科学技术大学先后为少年班和数学系学生讲微积分。在教学中对极限概念和实数理论做了较深入的思考，提出了一种比较容易理解的极限定义方法——“非 ε 语言极限定义”，还发现了类似于数学归纳法的“连续归纳法”。这些想法，连同面积方法的部分例子，构成了 1989 年出版的《从数学教育到教育数学》的主要内容。这本书是在四川教育出版社余秉本女士督促下写出来的。书中第一次提出了“教育数学”的概念，认为教育数学的任务是“为了数学教育的需要，对数学的成果进行再创造。”这一理念渐渐被更多的学者和老师们认同，导致 2004 年教育数学学会（全名是“中国高等教育学会教育数学专业委员会”）的诞生。此后每年举行一次教育数学年会，交流为教育而改进数学的心得。这本书先后由三家出版社出版，从此面积方法在国内被编入多种奥数培训读物。师范院校的教材《初等几何研究》（左铨如、季素月编著，上海科技教育出版社 1991 年出版）中详细介绍了系统面积方法的基本原理。已故的著名数学家和数学教育家，西南师大陈重穆教授在主持编写的《高效初中数学实验教材》中，把面积方法的两个基本工具“共边定理”和“共角定理”作为重要定理，教学实验效果很好。1993 年，四川都江教育学院刘宗贵老师根据此书中的想法编写的教材《非 ε 语言一元微积分学》在贵州教育出版社出版在教学实践中效果明显，后来他还发表了论文。此后，重庆师范学院陈文立先生和广州师范学院萧治经先生所编写的微积分教材，也都采用了此书中提出的“非 ε 语言极限定义”。

10 多年之后，受林群先生研究工作的启发带动，我重启了关于微积分教学改革的思考。文集中有关不用极限的微积分的内容，是 2005 年以来的心得。这方面的见解，得到著名数学教育家张奠宙先生的首肯，使我坚定了投入教学实践的信心。我曾经在高中尝试过用 5 个课时讲不用极限的微积分初步。又在南方科技大学试讲，用 16 个课时不用极限讲一元微积分，严谨论证了所有的基本定理。初步实验的效果尚可，系统的教学实践尚待开展。

也是在 2005 年后，自己对教育数学的具体努力方向有了新的认识。长期以来，几何教学是国际上数学教育关注的焦点之一，我也因此致力于研究更为简便有力的几何解题方法。后来看到大家都在删减传统的初等几何内容，促使我作战略调整的思考，把关注的重点从几何转向三角。2006 年发表了有关重建三角的两篇文章，得到张奠宙先生热情的鼓励支持。这方面的想法，就是《一线串通的初等数学》一书的主要内容。书里面提出，初中一年级就可以学习正弦，然后以三角带动几何，串联代数，用知识的纵横联系驱动学生的思考，促进其学习兴趣与数学素质的提高。初一学三角的方案可行吗？宁波教育学院崔雪芳教授先吃螃蟹，做了一节课的反复试验。她得出的结论是可行！但是，学习内容和国家教材不一致，统考能过关吗？做这样的教学实验有一定风险，需要极大的勇气，也要有行政方面的保护支持。2012 年，在广州市科协开展的“千师万苗工程”支持下，经广州海珠区教育局立项，海珠实验中学组织了两个初中班全程地实验。两个实验班有 105 名学生，入学分班平均成绩为 62 分和 64 分，测试中有三分之二的学生不会作三角形的钝角边上的高，可见数学基础属于一般水平。实验班由一位青年教师张东方负责备课讲课。她把《一线串通的初等数学》的内容分成 5 章 92 课时，整合到人教版初中数学教材之中。整合的结果节省了 60 个课时，5 个学期内不仅讲完了按课程标准 6 个学期应学的内容，还用书中的新方法从一年级下学期讲正弦和正弦定理，以后陆续讲了正弦和角公式，余弦定理这些按常规属于高中课程的内容。教师教得顺利轻松，学生学得积极愉快。其间经历了区里的 3 次期末统考，张东方老师汇报的情况如下：

从成绩看效果

期间经过三次全区期末统考。实验班学生做题如果用了教材以外的知识，必须对所用的公式给出推导过程。在全区 80 个班级中，实验班的成绩突出，比区平均分高很多。满分为 150 分，实验一班有 4 位同学获满分，其中最差的个人成绩 120 多分。

	实验 1 班平均分	实验 2 班平均分	区平均分	全区所有班级排名
七年级下期末	140	138	91	第一名和第八名
八年级上期末	136	133	87.76	第一名和第五名
八年级下期末	145	141	96.83	第一名和第三名

这样的实验效果是出乎我意料的。目前，广州市教育研究院正在总结研究经验，并组织更多的学校准备进行更大规模的教学实验。

科普作品，以“普”为贵。科普作品中的内容若能进入基础教育阶段的教材，被社会认可为青少年普遍要学的知识，就普得不能再普了。当然，一旦成为教材，科普书也就失去了自己作为科普的意义，只是作为历史记录而存在。这是作者的希望，也是多年努力的目标。

文集编辑工作即将完成之际，湖北科学技术出版社刘虹老师建议我写个总序。我从记忆中检索出一些与文集中某些内容有关的往事杂感，勉强塞责。书中不当之处，欢迎读者指正。

湖北科学技术出版社何龙社长和谢俊波主任热心鼓励我出版文集；还有华中师范大学国家数字化学习工程中心彭翕成老师（《绕来绕去的向量法》作者之一，该书中绝大多数例题和题解由他提供）为文集的出版付出了辛勤劳动，在此谨表示衷心的感谢。

张景中

2017年4月

目 录

MULU

第一章

一个古老而年轻的方法

利用面积关系来说明数学中的某些恒等式、不等式，或证明某些定理，这是一个古老而又年轻的方法。

说它古老，是因为：早在3000多年前，在几何学还没有形成一门系统的学科时，人们已经会用这种方法来解决某些问题了。

说它年轻，是因为：直到今天，人们并没有给它足够的重视，因而，这种方法的潜力还没有得到发挥。它广泛的、五花八门的用途，很少在教科书、教学参考书和各种学生读物中得到较系统的阐述。

几何学的产生，源于人们对土地面积的测量的需要。翻开任何一本关于数学史的通俗读物，差不多都记载着这样的故事：在古埃及，尼罗河每年泛滥一次。洪水给两岸的田地带来了肥沃的淤积泥土，但也抹掉了田地之间的界线标志。洪水退后，人们要重新划出田地的界线，这就必须丈量和计算田地的面积。年复一年，就积累了最基本的几何知识。

这样看来，从一开始，几何学便与面积结下不解之缘。英语中的“几何”——“*Geometry*”，这个字的字头“*geo*”，便含有“土地”的意思。

但是，用面积关系来证明几何定理，最早的例子是勾股定理的证法。所谓勾股定理，就是：

在直角三角形中，两直角边的平方之和等于斜边的平方。

我国古代数学家把直角三角形的较短的直角边叫“勾”，较长的直角边叫“股”，而把斜边叫做“弦”。因而把这个定理叙述为“勾方加股方等于弦方”，勾股定理由此而得名。

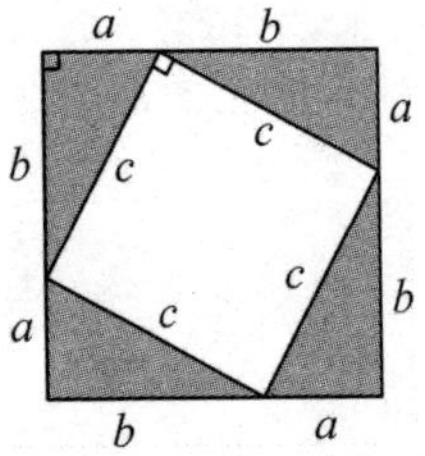

图 1-1

勾股定理的下述精彩证明，是我国古代数学家智慧的结晶。

勾股定理证法之一：

如图 1-1 所示，四个同样大小的直角三角形的斜边围成一个正方形；它们的直角边围成了一个更大的正方形。（为什么？请读者自证）

设直角三角形两直角边分别为 a、b，斜边为 c。图中大正方形面积

$$S_{大}=(a+b)^2,$$

小正方形面积

$$S_{小}=c^2,$$

直角三角形面积 $S_{\triangle}=\frac{1}{2}ab$。显然有

$$S_{大}=S_{小}+4S_{\triangle},$$

也就是

$$(a+b)^2=c^2+2ab,$$

把等式的左边展开，两边消去 $2ab$，便得勾股定理

$$a^2+b^2=c^2。$$

到目前，勾股定理常见的证明方法，已有数十种了，但其中最简单的证法，仍然是利用面积关系。

勾股定理证法之二：

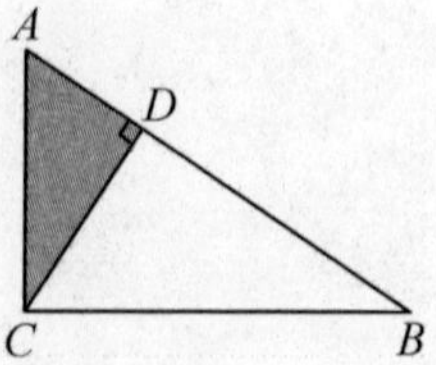

图 1-2

作直角$\triangle ABC$斜边AB上的高CD,得到三个相似三角形,即

$$\triangle ABC \backsim \triangle ACD \backsim \triangle CBD。$$

(为什么?请读者自证)

根据相似三角形的面积与对应边的平方成正比的定理,可得

$$S_{\triangle ABC}:S_{\triangle ACD}:S_{\triangle CBD}=AB^2:AC^2:BC^2。$$

也就是

$$S_{\triangle ABC}=kAB^2, S_{\triangle ACD}=kAC^2, S_{\triangle CBD}=kBC^2;$$

这里k为正数。但是

$$S_{\triangle ABC}=S_{\triangle ACD}+S_{\triangle BCD},$$

因而

$$kAB^2=KAC^2+kBC^2,$$

也就是

$$AB^2=AC^2+BC^2。$$

用面积关系说明一些基本的恒等式或不等式,也是早就被许多教科书所采用的方法。例如,从图 1-3 一眼便可看出恒等式①

$$(x+y)^2-(x-y)^2=4xy,$$

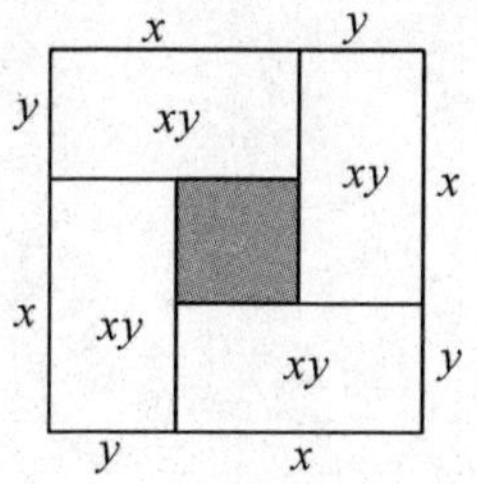

图 1-3

① 请注意:阴影部分的面积是$(x-y)^2$。

由于$(x-y)^2\geqslant 0$，从而得到不等式

$$(x+y)^2\geqslant 4xy,$$

或者化简一下，得

$$x^2+y^2\geqslant 2xy。$$

当且仅当$x=y$时等号才成立。

生理学家和医学家们的研究发现：我们大脑的两个半球，左半球主要管抽象的东西——语言、逻辑、数字等，右半球主要管具体的东西——形象、图画、音乐等。把抽象的代数关系用具体的图形表示出来，便动员了两个半球同时工作，印象深、理解快、记得牢。用图形表示代数关系的重要方法之一，便是用面积关系来联系的。

这本小册子的目的，是试图较为系统阐述用面积关系证明几何命题的基本技巧和方法。

练习题一

1. 用面积关系表示下列恒等式：

(1) $(x+y)^2=x^2+2xy+y^2$；

(2) $(x-y)^2=x^2-2xy+y^2$。

2. 利用下列图形，给出勾股定理的几种证法。

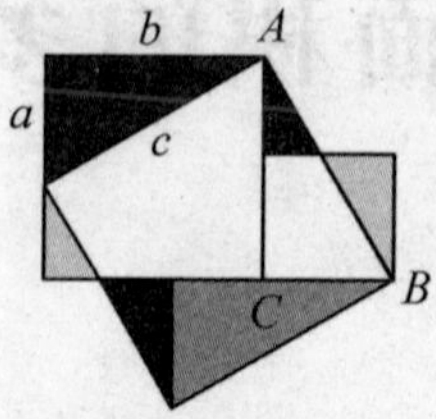

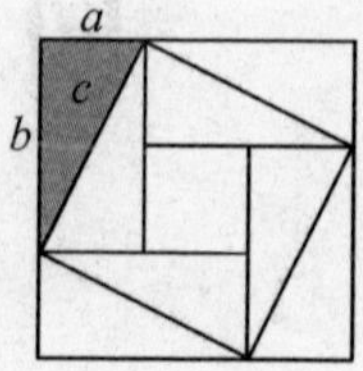

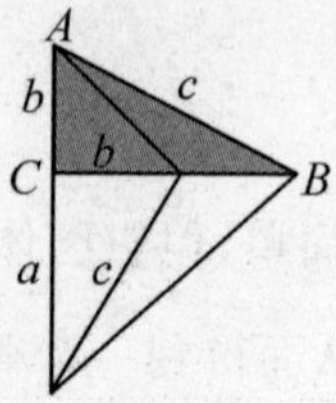

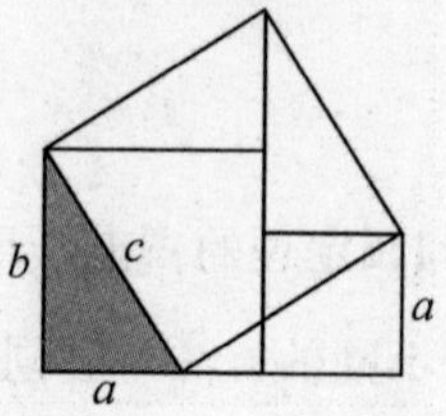

3. 用面积关系表示阿贝尔恒等式：

$$a_1b_1+a_2b_2+\cdots+a_nb_n$$

$$=a_1(b_1-b_2)+(a_1+a_2)(b_2-b_3)+\cdots$$

$$+(a_1+a_2+\cdots+a_{n-1})(b_{n-1}-b_n)$$

$$+(a_1+a_2+\cdots+a_n)b_n。$$

第二章 同一个面积的多种表示

上面介绍的勾股定理的古老证明法一虽然简单，但它已体现了用面积关系证题的基本思想：用不同的方法计算同一块面积，从而得到一个等式——这样的等式我们把它叫做“面积方程”；再对这个“面积方程”进行整理或变换，以获得我们所要的结果。

为了能够列出各种各样的面积方程，就要熟悉面积的计算方法。平面几何中许多图形，都可以分割成若干个三角形。于是，我们应当熟悉三角形面积的各种表示法。

按习惯，用 a、b、c 分别表示 $\triangle ABC$ 的三个角 A、B、C 所对的边，h_a、h_b、h_c 顺次表示为 a、b、c 三条边上的高，我们最熟悉的三角形面积公式是

$$三角形面积=\frac{1}{2}\cdot 底\cdot 高,$$

以后，为方便起见，我们用记号“$\triangle ABC$”表示三角形 ABC 本身，用 $S_{\triangle ABC}$ 表示它的面积。这样做，上述公式便可清楚地记作

$$S_{\triangle ABC}=\frac{1}{2}ah_a=\frac{1}{2}bh_b=\frac{1}{2}ch_c。\quad (1)$$

对公式(1)略加改变,利用关系式

$$h_a=b\sin C$$

等代入,便得到了与角、边都有联系的公式

$$S_{\triangle ABC}=\frac{1}{2}bc\sin A=\frac{1}{2}ac\sin B=\frac{1}{2}ab\sin C。\tag{2}$$

这个公式,往往不被人们重视。其实,它的用处很大。因为它把平面几何中三种最重要的度量——长度、角度、面积——紧密地联系在一起了。下面,我们很快可以看到公式(2)的重要性。

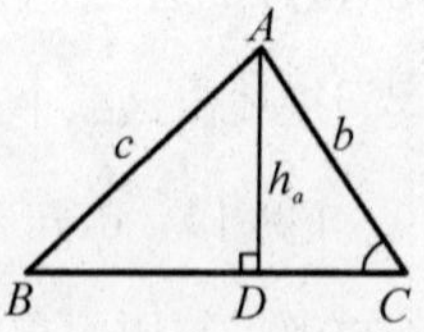

图 2-1

还有一个大家所熟知的海伦公式,即已知三角形三边求面积的公式

$$S_{\triangle ABC}=\sqrt{s(s-a)(s-b)(s-c)}。\tag{3}$$

[$s=\frac{1}{2}(a+b+c)$表示$\triangle ABC$的周长的一半]我们利用勾股定理可从(1)导出这个公式。事实上,在图 2-1 中令$BD=x$,那么$DC=a-x$。由勾股定理列出方程式

$$c^2-x^2=b^2-(a-x)^2,$$

展开后解得

$$x=\frac{a^2+c^2-b^2}{2a}。$$

$$\begin{aligned}\therefore\quad h_a^2&=c^2-x^2=\frac{1}{4a^2}[4a^2c^2-(a^2+c^2-b^2)^2]\\&=\frac{1}{4a^2}(2ac+a^2+c^2-b^2)(2ac-a^2-c^2+b^2)\\&=\frac{1}{4a^2}[(a+c)^2-b^2][b^2-(a-c)^2]\\&=\frac{1}{4a^2}(a+b+c)(a-b+c)(a+b-c)(-a+b+c)\\&=\frac{4}{a^2}s(s-a)(s-b)(s-c)。\end{aligned}$$

由此即得公式(3)。

三角形的面积公式远远不止以上三个，还可以导出已知三条高、或三条中线、或三条角平分线、或两角一边、或一边及另两边上的高、或一角一对边及这边上的中线等等求面积的公式。这样的公式至少也有几十种。但是，在应用面积关系解题时，有了这三个，也就足够用了。其他多种多样的三角形面积公式，都可以直接或间接地由这三个基本公式导出。请看以下的两个例子。

〔例 1〕 已知$\triangle ABC$两边b、c上的高为h_b、h_c，及另一边a，求它的面积。

解 利用面积公式(1)，得到

$$b=\frac{2S_\triangle}{h_b},c=\frac{2S_\triangle}{h_c},$$

这里简记$S_{\triangle ABC}$为$\triangle$，代入海伦公式，得

$$\triangle=\frac{1}{4}\left[a+\left(\frac{1}{h_b}+\frac{1}{h_c}\right)2\triangle\right]^{\frac{1}{2}}\left[-a+\left(\frac{1}{h_b}+\frac{1}{h_c}\right)2\triangle\right]^{\frac{1}{2}}$$
$$\left[a+\left(\frac{1}{h_b}-\frac{1}{h_c}\right)2\triangle\right]^{\frac{1}{2}}\left[a-\left(\frac{1}{h_b}-\frac{1}{h_c}\right)2\triangle\right]^{\frac{1}{2}}。$$

$$\therefore\quad 16\triangle^2=\left[\left(\frac{1}{h_b}+\frac{1}{h_c}\right)^2 4\triangle^2-a^2\right]\left[a^2-\left(\frac{1}{h_b}-\frac{1}{h_c}\right)^2 4\triangle^2\right]。$$

展开后得方程式

$$16\left(\frac{1}{h_b^2}-\frac{1}{h_c^2}\right)^2\triangle^4-8\left[a^2\left(\frac{1}{h_b^2}+\frac{1}{h_c^2}\right)-2\right]\triangle^2+a^4=0。$$

解这个方程式，它的唯一的正实数根即为$\triangle ABC$的面积。以下从略。

〔例 2〕 已知$\triangle ABC$的三条中线为m_a、m_b、m_c，求它的面积。

解 如图 2-2 所示，设三条中线AD、BE、CF交于P点，由于

$$AP=\frac{2}{3}AD,$$

$$\therefore\quad \triangle APF=\frac{1}{2}S_{\triangle ABP}=\frac{1}{6}S_{\triangle ABC}。$$

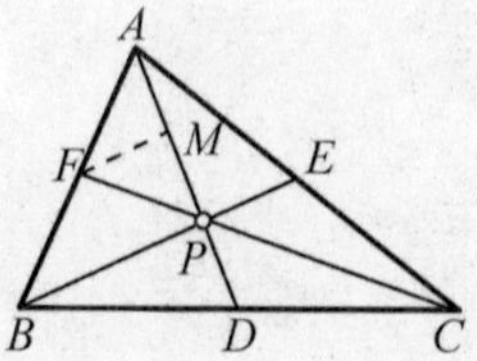

图 2-2

取 AP 的中点 M，那么

$$MP=\frac{1}{3}m_a, PF=\frac{1}{3}m_c, FM=\frac{1}{3}m_b。$$

而

$$S_{\triangle MPF}=\frac{1}{2}S_{\triangle APF}=\frac{1}{12}S_{\triangle ABC}。$$

于是由海伦公式可得

$$\frac{1}{12}S_{\triangle ABC}=S_{\triangle MPF}$$

$$=\frac{1}{9}\sqrt{m(m-m_a)(m-m_b)(m-m_c)}$$

$$\left(m=\frac{1}{2}(m_a+m_b+m_c)\right)。$$

∴ $$S_{\triangle ABC}=\frac{4}{3}\sqrt{m(m-m_a)(m-m_b)(m-m_c)}。$$

在上述的解法中，用到了中线的性质。这些性质也可以独立地由面积关系导出。请读者参看第九章的例 1。

练习题二

1. 已知$\triangle ABC$ 的三条高为 h_a、h_b、h_c，求它的面积和三边。

2. 已知$\triangle ABC$ 的周长和内切圆的半径，求它的面积。

3. 已知$\triangle ABC$ 的 a 边及 B、C 两角，求它的面积。

第三章

一个公式表示多种面积

前面说过，面积公式(2)

$$S_{\triangle ABC}=\frac{1}{2}bc\sin A=\frac{1}{2}ac\sin B=\frac{1}{2}ab\sin C$$

用途最广，因为它把长度、角度和面积三种度量联系在一起了。另外，它还有一个有趣的特点——“一身而兼多任”可以表示好几种图形的面积。

本来，在公式

$$S_{\triangle ABC}=\frac{1}{2}ab\sin C$$

中，a、b 表示$\triangle ABC$ 中角 C 的两夹边。但我们稍加留心，便可发现，完全能够给 a、b、C 以更广义的解释。

把这广义的解释写成

〔**命题 1**〕 在$\triangle ABC$ 中，设 $BC=a$，在直线 BC 上任取一点 P，设 $AP=b^{*}$①，AP 与 BC 所成的角(锐角或钝角任取其一)为 C^{*}，那么有

① 我们把 AP 叫做$\triangle ABC$ 在 BC 边上的斜高。

$$S_{\triangle ABC}=\frac{1}{2}ab^{*}\sin C^{*}。$$

证明 如果点 P 与 B、C 之一重合，所要证的就是前面的公式(2)。如果不重合，不外有以下三种情形：

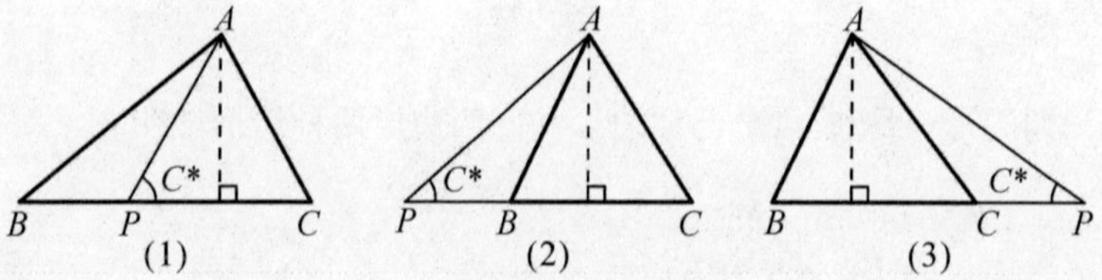

图 3-1

如图 3-1(1)的情形，直接用公式(2)，有

$$\begin{aligned}S_{\triangle ABC}&=S_{\triangle ABP}+S_{\triangle APC}\\&=\frac{1}{2}AP\cdot BP\sin C^{*}+\frac{1}{2}AP\cdot CP\sin C^{*}\\&=\frac{1}{2}AP\cdot(BP+CP)\sin C^{*}\\&=\frac{1}{2}AP\cdot BC\sin C^{*}\\&=\frac{1}{2}ab^{*}\sin C^{*}。\end{aligned}$$

如图 3-1(2)的情形，可以由

$$S_{\triangle ABC}=S_{\triangle APC}-S_{\triangle APB}。$$

以下作类似推导可以证得

$$S_{\triangle ABC}=\frac{1}{2}ab^{*}\sin C^{*}。$$

如图 3-1(3)的情形也可类似地证明，这里从略。

显然，注意到图中虚线所表示的高，也可以由正弦的定义及公式(1)推证这个命题。

命题 1 通常也称为斜高公式。

进一步考虑：如果 P 点不在直线 BC 上，那么又有什么结论呢？

〔命题 2〕 $ABPC$ 是四边互不相交的四边形，设 $BC=a, AP=b^*$，直线 AP 与 BC 相交所成的角及交点（锐角或钝角任取其一）都设为 C^*。那么四边形 $ABPC$ 的面积

$$S_{ABPC}=\frac{1}{2}ab^*\sin C^*。$$

证明 四边形 $ABPC$ 可分凸四边形和凹四边形两种情形证明。

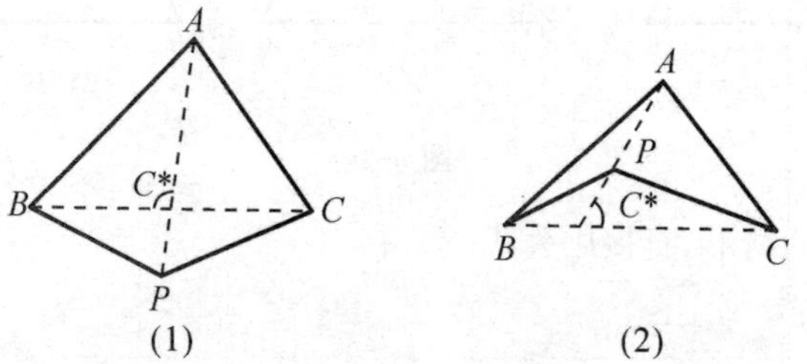

图 3-2

如图 3-2(1)所示的凸四边形的情形，

$$\begin{aligned}S_{ABPC}&=S_{\triangle ABC}+S_{\triangle PBC}\\&=\frac{1}{2}BC\cdot AC^*\sin C+\frac{1}{2}BC\cdot PC^*\sin C^*\\&=\frac{1}{2}BC\cdot(AC^*+PC^*)\sin C^*\\&=\frac{1}{2}ab^*\sin C^*。\end{aligned}$$

如图 3-2(2)所示的凹四边形情形，

$$S_{ABPC}=S_{\triangle ABC}-S_{\triangle PBC}，$$

作类似的推导，可证得

$$S_{ABPC}=\frac{1}{2}ab^*\sin C^*。$$

我们把四边互不相交的四边形叫做简单四边形。命题 2 可以叙述为

简单四边形的面积，等于其对角线之积乘以对角线夹角的正弦之半。

对于非简单四边形，在习题中略作讨论；当后面引入带号面积再作统一处理。

练习题三

1. 试说明命题 1 及公式(2)、(1)都可以看成命题 2 的特殊情形。

2. 如果四边形 $ABPC$ 的两边 AB、PC 交于 Q，“对角线”AP、CB 之延长线交于 C^*。

令 $BC=a$，$AP=b$，求证：

$$|S_{\triangle ACQ}-S_{\triangle BPQ}|=\frac{1}{2}ab\sin C^*。$$

第四章

面积公式小试锋芒

我们已经熟悉了几个基本的面积公式。现在,书归正传,谈谈如何利用面积关系解题。

先通过下面几个小小例题,领略一下用面积关系解题的方法的风格。

〔**例** 1〕 在$\triangle ABC$中,如果$a=b$,求证:a、b两边上的高相等。

证明 由面积公式

$$S_{\triangle ABC}=\frac{1}{2}ah_a, S_{\triangle ABC}=\frac{1}{2}bh_b,$$

∴

$$\frac{1}{2}ah_a=\frac{1}{2}bh_b,$$

∵$a=b$,将上式约去$\frac{1}{2}a=\frac{1}{2}b$,

即得

$$h_a=h_b。$$

〔**例** 2〕 在$\triangle ABC$中,如果$B=C$,求证:$b=c$。

证明 由面积公式

$$S_{\triangle ABC}=\frac{1}{2}ab\sin C, S_{\triangle ABC}=\frac{1}{2}ac\sin B,$$

$$\therefore \qquad \frac{1}{2}ab\sin C=\frac{1}{2}ac\sin B。$$

$\because B=C$，将上式约去$\frac{1}{2}a\sin C=\frac{1}{2}a\sin B$，

即得 $$b=c。$$

〔**例** 3〕 已知$\triangle ABC$的两边b、c及角A，求A的角平分线的长。

解 如图 4-1 所示，写出面积方程式

$$S_{\triangle ABC}=S_{\triangle Ⅰ}+S_{\triangle Ⅱ}，$$

再用面积公式代入(令$A=2\alpha$)，得

$$\frac{1}{2}bc\sin 2\alpha=\frac{1}{2}c\cdot AD\sin\alpha+\frac{1}{2}b\cdot AD\sin\alpha，$$

$$\therefore \qquad AD=\frac{bc\sin 2\alpha}{(b+c)\sin\alpha}=\frac{2bc\cos\alpha}{b+c}。$$

这几个题，本来平常，利用面积方程来做，更显得“不费工夫”！但是，利用面积方程对付比较复杂的题目，是不是也常常能够奏效呢？请看下面的两个例子。

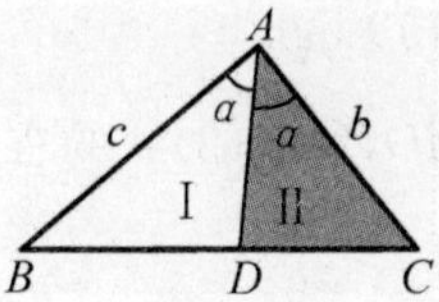

图 4-1

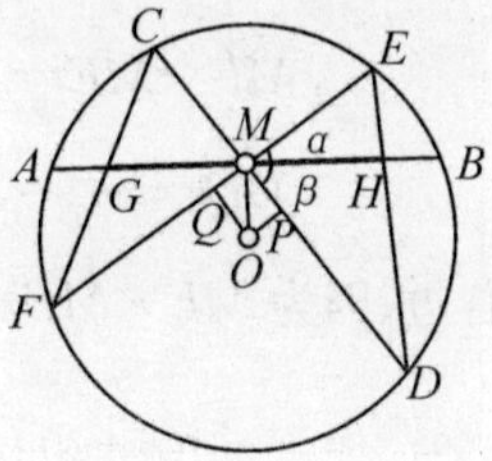

图 4-2

〔**例** 4〕 已知$\odot O$的弦AB的中点为M；过M任作两弦CD、EF；连接CF、DE分别交AB于G、H。求证：$MG=MH$。(图 4-2)

这个题常被认为是平面几何难题之一。用综合法证明颇难入手，这里我们利用面积方程来证明。

证明 列出与MH有关的面积方程

$$S_{\triangle MDE}=S_{\triangle MDH}+S_{\triangle MHE}。$$

用面积公式代入，得

$$\frac{1}{2}MD \cdot ME\sin(\alpha+\beta)$$

$$=\frac{1}{2}MD \cdot MH\sin\beta+\frac{1}{2}ME \cdot MH\sin\alpha,$$

这里 $\alpha=\angle EMH$，$\beta=\angle DMH$。将上式约去$\frac{1}{2}$，两端除以 $MD \cdot ME \cdot MH$，得

$$\frac{\sin(\alpha+\beta)}{MH}=\frac{\sin\beta}{ME}+\frac{\sin\alpha}{MD}; \qquad (1)$$

同理

$$\frac{\sin(\alpha+\beta)}{MG}=\frac{\sin\beta}{MF}+\frac{\sin\alpha}{MC}。 \qquad (2)$$

(1)－(2)，得

$$\sin(\alpha+\beta)\left(\frac{1}{MH}-\frac{1}{MG}\right)$$

$$=\frac{\sin\beta}{ME \cdot MF}(MF-ME)-\frac{\sin\alpha}{MC \cdot MD}(MD-MC)。 \qquad (3)$$

设 P、Q 分别是 DC、EF 的中点，那么显然有

$$\left.\begin{aligned}MF-ME=2MQ=2MO\sin\alpha,\\ MD-MC=2MP=2MO\sin\beta。\end{aligned}\right\} \qquad (4)$$

把(4)代入(3)的右边，因为 $ME \cdot MF=MC \cdot MD$，所以(3)式的右边为零，即

$$\sin(\alpha+\beta)\left(\frac{1}{MH}-\frac{1}{MG}\right)=0。$$

又

$$\sin(\alpha+\beta)\neq 0,$$

∴

$$\frac{1}{MH}-\frac{1}{MG}=0。$$

又 MH 和 MG 都不为零，所以 $MH=MG$。

下面的例题，被称为射影几何基本定理。

〔例 5〕 已知四边形 $ABCD$ 两对对边的延长线分别交于 K、L；过 K、L 作直线，对角线 AC、BD 之延长线分别交 KL 于 G、F。(图 4-3)

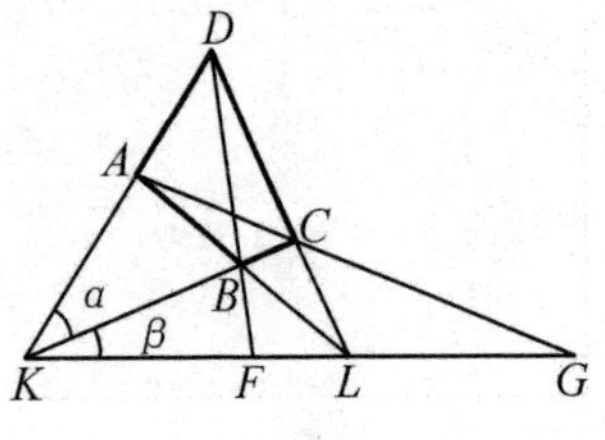

图 4-3

求证：$LF:KF=LG:KG$。

证明 令 $KA=a, KB=b, KC=c, \cdots, KL=l$；$\angle DKC=\alpha$，$\angle CKG=\beta$。由于 $LF=l-f$，$LG=g-l$，所以将要证明的式子变形为

$$\frac{l-f}{f}=\frac{g-l}{g}\text{，即}\frac{l}{f}-1=1-\frac{l}{g}\text{，}$$

也就是

$$\frac{1}{f}+\frac{1}{g}=\frac{2}{l}\text{。}$$

下面来证明这个等式。

列出面积方程式

$$S_{\triangle AKL}=S_{\triangle AKB}+S_{\triangle BKL}\text{，}$$

并用面积公式代入，得

$$\frac{1}{2}al\sin(\alpha+\beta)=\frac{1}{2}ab\sin\alpha+\frac{1}{2}bl\sin\beta\text{，}$$

两端除以 $\frac{1}{2}abl$，得

$$\frac{\sin(\alpha+\beta)}{b}=\frac{\sin\alpha}{l}+\frac{\sin\beta}{a}\text{。} \quad (1)$$

类似地，列出关于 $\triangle DKL$、$\triangle DKF$、$\triangle AKG$ 的三个面积方程式

$$\frac{\sin(\alpha+\beta)}{c}=\frac{\sin\alpha}{l}+\frac{\sin\beta}{d}\text{；} \quad (2)$$

$$\frac{\sin(\alpha+\beta)}{b}=\frac{\sin\alpha}{f}+\frac{\sin\beta}{d}\text{；} \quad (3)$$

$$\frac{\sin(\alpha+\beta)}{c}=\frac{\sin\alpha}{g}+\frac{\sin\beta}{a}\text{。} \quad (4)$$

(1)＋(2)－(3)－(4)，得

$$0=\frac{2\sin\alpha}{l}-\frac{\sin\alpha}{f}-\frac{\sin\alpha}{g}\text{。}$$

约去 $\sin\alpha$，移项，即得 $\frac{1}{f}+\frac{1}{g}=\frac{2}{l}$。

从以上几例看到，运用面积关系解题，具有简捷、明快的代数风格。较少添辅助线，有时甚至不用作图，只要写出适当的面积方程，问题常可迎刃而解。

但是，以上几例是不是偶然碰巧可用面积关系来解呢？用面积关系能不能对付一般的、大量的几何题呢？

练习题四

1. 求证：在三角形中，大边上的高较短。
2. 求证：在三角形中，较大的角的角平分线较短。由此推出斯坦纳－雷米欧司(Steiner－Lehmus)定理：如果三角形的两分角线相等，那么它是等腰三角形。
3. 在图 4－1 中，试证明：$\frac{b}{c}=\frac{DC}{DB}$。
4. 在例 5 中，如果 $AC/\!/KL$，试证：F 是 KL 的中点。
5. 在$\triangle ABC$ 内任取一点 P，连接 AP、BP、CP 分别交对边于 D、E、F。EF 交 AP 于 Q。求证：$\frac{PQ}{PD}=\frac{AQ}{AD}$。

第五章

它可以导出许多基本定理

为了说明以上所举的例子并非偶然碰巧，在这一节里，我们用面积公式导出一系列最基本的几何定理和三角关系式。

从面积公式(2)可得下面的定理。

正弦定理 在任意三角形 ABC 中，有$\frac{\sin A}{a}=\frac{\sin B}{b}=\frac{\sin C}{c}=\frac{2S_{\triangle ABC}}{abc}$。

证明请读者自己完成。

在上一章例 3、例 4、例 5 中，我们已经采用把一个三角形分为两个小三角形，分别求面积，令其相等的手段来证明一些命题。这是今后常用的一种方法。为使用方便起见，我们把这个方法所获得的结论写成命题的形式，称它为**张角关系**①，即：

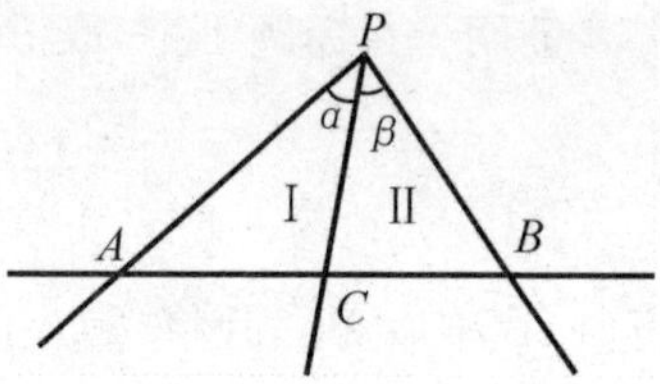

图 5-1

〔**命题 1**〕 由点 P 发出的三射线 PA、PB、PC；$\angle APC=\alpha$，$\angle CPB=\beta$，$\angle APB$

---

① 这个命题是关于视点 P 对 A、B、C 三点的张角数量关系的描述。

$=\alpha+\beta<180°$。那么 A、B、C 三点在一直线上的充分必要条件是

$$\frac{\sin(\alpha+\beta)}{PC}=\frac{\sin\alpha}{PB}+\frac{\sin\beta}{PA}。\tag{1}$$

证明 如果 A、B、C 三点共线，那么

$$S_{\triangle PAB}=S_{\triangle Ⅰ}+S_{\triangle Ⅱ}$$

∴

$$\frac{1}{2}PA\cdot PB\sin(\alpha+\beta)$$

$$=\frac{1}{2}PA\cdot PC\sin\alpha+\frac{1}{2}PB\cdot PC\sin\beta。$$

两边同除以 $\frac{1}{2}PA\cdot PB\cdot PC$，即得所要证的等式。

反之，如果命题中等式成立，那么反推可得面积方程

$$S_{\triangle PAB}=S_{\triangle Ⅰ}+S_{\triangle Ⅱ},$$

这说明：

$$S_{\triangle ABC}=|S_{\triangle PAB}-S_{\triangle Ⅰ}-S_{\triangle Ⅱ}|=0,$$

即 A、B、C 三点共线。

在命题 1(张角关系)中，取特殊情况可以证明下面的定理。

正弦加法定理 如果 α、β 均为锐角，那么

$$\sin(\alpha+\beta)=\sin\alpha\cos\beta+\cos\alpha\sin\beta。$$

证明 在命题 1 中，取 $PC\perp AB$ 的特殊情形，那么当 C 为垂足时，有

$$\frac{PC}{PB}=\cos\beta,\frac{PC}{PA}=\cos\alpha,\tag{2}$$

将(1)式乘以 PC，并将(2)式代入(1)式，即得加法定理。

正弦加法定理是三角关系式中最基本的一个恒等式。常见的书上的证法不仅比这里复杂，而且将 $\alpha+\beta$ 限在 $90°$ 的范围内，这里只要 α、β 分别是锐角就可以了。当然，应用了任意角三角函数定义及诱导公式后，不难把和角公式推广到任意角。

还可以直接从面积关系出发导出正弦减法定理。

正弦减法定理 如果 $0\leqslant\beta\leqslant\alpha<90°$，那么有

$$\sin(\alpha-\beta)=\sin\alpha\cos\beta-\cos\alpha\sin\beta。$$

证明 作$\triangle PAC$使$\angle C=90°$，令$\angle APC=\alpha$；在AC上取点B，令$\angle BPC=\beta$。列出面积方程

$$S_{\triangle Ⅰ}=S_{\triangle APC}-S_{\triangle Ⅱ}。$$

$\therefore$
$$\frac{1}{2}PA\cdot PB\sin(\alpha-\beta)$$
$$=\frac{1}{2}PA\cdot PC\sin\alpha-\frac{1}{2}PB\cdot PC\sin\beta,$$

两边同除以$\frac{1}{2}PA\cdot PB$，得

$$\sin(\alpha-\beta)=\frac{PC}{PB}\sin\alpha-\frac{PC}{PA}\sin\beta,$$

再以$\frac{PC}{PB}\cos\beta$、$\frac{PC}{PA}=\cos\alpha$代入上式，即得减法定理。

容易把正弦减法定理推广到α、β为任意角的情形。这里不再赘述。

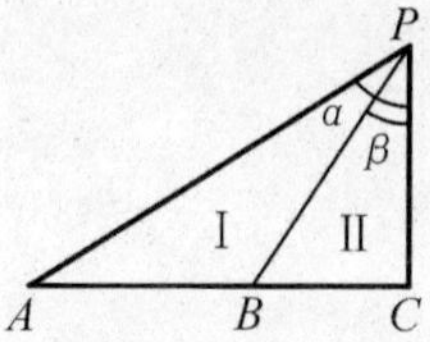

图 5-2

按照通常的方法，可以从正弦加法及减法定理导出和差化积、积化和差、倍角公式、半角公式以及余弦与正切的加法定理和减法定理。总之，一整套关于三角函数的基本恒等式，可以从面积关系出发而推得。

我们从命题1(张角关系)出发，还可以得到一个比加法定理更广泛的三角恒等式①，即：

如果$\alpha+\beta+\gamma+\delta=180°$，求证：

$$\sin(\alpha+\beta)\sin(\beta+\gamma)=\sin\alpha\sin\gamma+\sin\beta\sin\alpha。$$

证明 在图5-2中，令$\angle PAB=\delta$，$\angle PBA=\gamma$，$\angle PCA=t$，利用正弦定理

$$\frac{PC}{PB}=\frac{\sin\gamma}{\sin t},\frac{PC}{PA}=\frac{\sin\delta}{\sin t}$$

代入张角关系式，得

① 后面将看到，从这个恒等式可以轻易地导出著名的托勒密定理。

$$\sin(\alpha+\beta)=\frac{\sin\gamma}{\sin t}\sin\alpha+\frac{\sin\delta}{\sin t}\sin\beta,$$

再用 $t=\beta+\gamma$ 代入上式，即得所要证的等式。

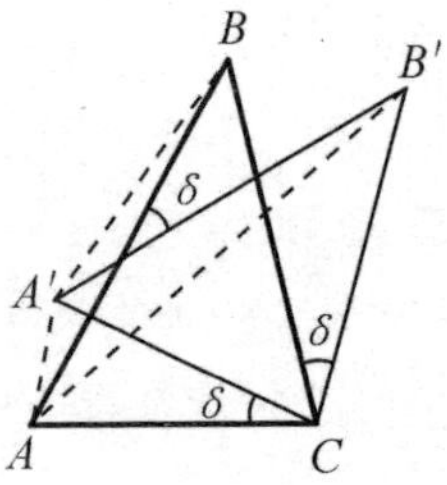

图 5-3

这个恒等式也可以用加法定理来验证。有兴趣的读者不妨一试。

前面已用面积关系导出了勾股定理。从勾股定理可以推出广勾股定理——余弦定理。但是，余弦定理可以从其他途径得到。下面介绍一种运用面积关系证明余弦定理的方法。

余弦定理 在 $\triangle ABC$ 中，有

$$c^2=a^2+b^2-2ab\cos C。$$

证明 如图 5-3，把 $\triangle ABC$ 绕 C 点旋转一个小角度 δ，得到 $\triangle A'B'C'\cong\triangle ABC$。

写出面积方程式

$$S_{AA'BB'}=S_{\triangle AA'C}+S_{\triangle BB'C}+S_{\triangle A'BC}-S_{\triangle AB'C},$$

利用四边形面积公式(第三章命题 2)得

$$\begin{aligned}&\frac{1}{2}AB\cdot A'B'\sin\delta\\&=\frac{1}{2}AC\cdot A'C\sin\delta+\frac{1}{2}BC\cdot B'C\sin\delta\\&\quad+\frac{1}{2}A'C\cdot BC\sin(C-\delta)-\frac{1}{2}AC\cdot B'C\sin(C+\delta)。\end{aligned}$$

这里，$AB=A'B'=c$，$AC=A'C=b$，$BC=B'C=a$，

$$\therefore\quad \begin{aligned}c^2\sin\delta=&b^2\sin\delta+a^2\sin\delta+ab(\sin C\cos\delta-\cos C\sin\delta)\\&-ab(\sin C\cos\delta+\cos C\sin\delta),\end{aligned}$$

整理后约去 $\sin\delta$，即得所要证的结果。

这种证法颇为有趣，但实际上 $AA'BB'$ 可能不是凸四边形而是凹四边形，甚至可能是非简单四边形。但不论哪种情形，上面的推理都行得通，这里不再一一分析。

此外，证明中有一个角度 δ 可以任取。每取一个特殊的 δ，只要 $\sin\delta \neq 0$，便可得到一个证明。取 $\delta = 90°$ 或 $\delta = C$ 时，证明变得更为简单。这留给读者作为习题。

上面，我们应用面积关系导出了正弦定理、加法定理、余弦定理等一系列基本定理。由此不但可以建立一整套三角恒等式，而且轻而易举地可得到两三角形全等及相似的各判别条件。因为平面几何中相当一部分问题，最后归结为研究三角形性质的问题。正弦定理、余弦定理，反映了一个三角形内部的边角关系，而全等与相似反映了两三角形之间的边角关系。所有这些，都是几何解题中不可缺少的工具。由此可见，运用面积关系解平面几何题，绝不是偶然的，它是平面几何中一种重要的基本方法。

练习题五

1. 应用正弦定理和余弦定理导出两三角形全等、相似的判别条件。
2. 在命题 2 中，如果 α、β 为任意角，结论是否成立？成立时如何证明？
3. 直接用面积关系证明：正弦和角公式当 α、β 中有一钝角时仍成立。
4. 直接用面积关系证明倍角公式 $\sin 2\alpha = 2\sin\alpha\cos\alpha$。
5. 直接用面积关系证明和差化积的公式

$$\sin\alpha + \sin\beta = 2\sin\frac{\alpha+\beta}{2}\cos\frac{\alpha-\beta}{2}。$$

6. 从正弦定理、加法定理以及三角形内角和定理出发，导出余弦定理（不需画图）。

第六章

初步小结

我们回顾一下已做过的题，虽然数量不多。但已可看出：用面积关系解题，具有“以不变应万变”的特点。任你千变万化，我有固定的程式可循，就是：第一步，列出面积方程；第二步，用面积公式代入面积方程；第三步，整理所得等式以引向所要的结论。

但是，具体做起来，却要有点技巧。在第四章例 4 和例 5 中，技巧性很强。其中，第一步最不易想到，因为，在一道几何题中，通常有好几块面积，究竟利用哪一块面积或哪几块面积来列出面积方程？如果不通盘考虑，是颇难确定的。有时只要列一个方程就够了，有时需要列几个。多列了，自找麻烦，少列了，又解不出来，便要因题而异。如例 4 列了两个面积方程，例 5 列了四个面积方程，其他都只列了一个。可见情形是多变的，但是尽管如此，还可以有那么几条规律：

1. 列面积方程时，要找那些与题设、结论有密切关系的面积，特别是三角形面积。实在需要，也可以找某个四边形面积。因为三角形和四边形的面积便于计算。

2. 面积方程中常常出现一些与结论无关的量，这些量最后要消掉。有时在一个方程式中消不掉，就得多列一些方程式。特别是在一个方程式中不能把结论中出现的量都联系上时，就得再列一些，务必把结论中的量都联系上。

3.列多个面积方程时，要使不同的方程式中出现相同的量，才便于消去。列一个面积方程时，也要使不同的项联系某些相同的量，才便于整理。例如：例 4 中的两个方程式都与 $\alpha,\beta,(\alpha+\beta)$ 有联系。例 5 中的四个方程式都与 $\alpha,\beta,(\alpha+\beta)$ 有联系，而且同一线段常常在两个方程式中出现；另外，在第二章例 1 与第四章例 4 的方程式中，不同的项与相同的量相关联。

以上三点，也只是大概的要求。具体解题时，常常要试算一次或几次才能找到适用的面积方程式。

面积方程式列出后，第二步便是用面积公式代入。这一步相对来说较易掌握。通常总是用公式(1)或(2)，特别是(2)。原则上所选公式尽量使与问题无关的参变量个数少一些，这在列出面积方程式之后，是不难选择的。

第三步，消去无关的变量而导出所要的结论。到这步似乎已经不是一个几何问题而是代数问题了，但是，相当多的情况下，还要利用题设的几何条件。如在第四章例 4 中，化到最后要利用两弦的中点 P、Q 的性质；在第五章导出正弦加法定理和减法定理的过程中，要利用余弦定义代入；等等。

总之，第一步，选择面积方程式是关键。选得恰当，解题就很顺利。

这里列出几类常用的基本面积方程式作为参考：

第一类，也是最简单的一类，是用不同的方法计算同一个三角形面积。如第四章的例 1、例 2，第五章提到的正弦定理的证法都用的是这种方法。

第二类，是用途最广泛的一类。在一个三角形边上取一点，把它分成两个三角形来计算，再使两三角形面积的和与整个三角形面积相等。如第四章的例 3、例 4、例 5 以及第五章的张角关系、加法定理和三角恒等式等都属于这一类。今后，遇到这种情况，我们常常直接用张角关系，特别是它的必要条件[①]进行计算。

第三类，使两个三角形的面积的比等于某两个线段的比。这类方程式在比例问题中用处很大，前面还没用到，将在第八章举例介绍。这里，我们先讲一个一般命题，提请读者重视。

比例定理　如果直线 PQ 交直线 AB 于 M，那么

$$\frac{S_{\triangle PAB}}{S_{\triangle QAB}}=\frac{PM}{QM}。$$

这里，点 P、Q、A、B 种种不同的位置如图 6-1 所示：

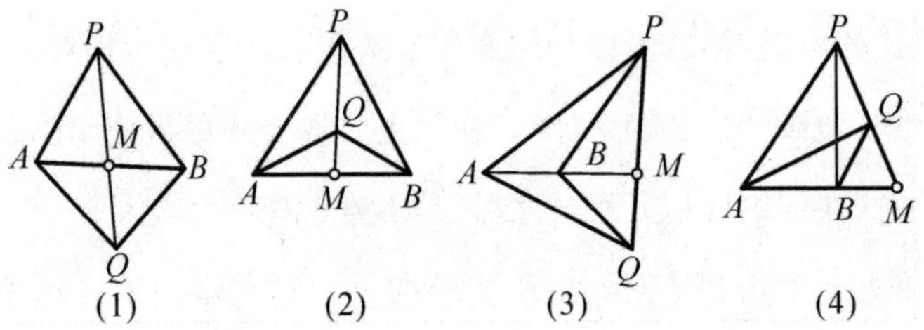

图 6-1

其中(3)、(4)位置的比例关系很易被忽略。这条定理可由斜高公式(第 10 页)直接导出，证明从略。

在这条定理中，当点 M 与点 A 或 B 重合时，便得到常用的命题："共高的两三角形面积的比等于底的比"；当 $PQ\perp AB$ 时，便得到"共底的两三角形面积的比等于高的比"。

第四类，其他。如把一个三角形划分为三个三角形；把四边形用不同的方法分成两个三角形；把一个多边形分成几个多边形；等等。这些方法在个别题目中也会用到，但其中最常用的是，把三角形从中间一点向各顶点连线，一剖为三的方法。这个方法经过推广、完善，可以发展为"面积坐标系"的一般理论。在本书末尾我们

---

① 如果 C 点在线段 AB 上，而 P 点关于线段 AC、BC 的张角分别为 α、β，那么 $\frac{\sin(\alpha+\beta)}{PC}=\frac{\sin\alpha}{PB}+\frac{\sin\beta}{PA}$。

将作简单的介绍。

总之：

我们的出发点——三角形面积公式，特别是公式(2)：

$$S_{\triangle ABC}=\frac{1}{2}ab\sin C。$$

我们常用的基本工具——斜高公式、张角关系、比例定理，特别是张角关系。

我们的解题程式——列出面积方程，用面积公式代入，消去无用的参变量。其中，关键是如何选择适当的面积方程。

第七章

证明长度或角度相等

证明长度相等通常是利用全等三角形的对应边相等及其推广命题：如，平行四边形的对边相等，底角相等的三角形其腰相等，等等。当所给的图形中看不出这些条件时，不妨试用面积关系来证明。

〔**证题术 1**〕 要证两条线段等长，可设法从证明分别含有这两线段之一的两三角形等积问题入手。例如，证明分别以这两线段为底且等高的某两个三角形等积。一般情形下，可注意应用斜高公式以简化证明。

〔**例 1**〕 在$\triangle ABC$的两边AB、AC上分别向形外作矩形$ACGH$、$BAFE$，且$\square ACGH \sim \square BAFE$。延长$BC$边上的高$DA$，交$FH$于$M$。求证：$MH=MF$。

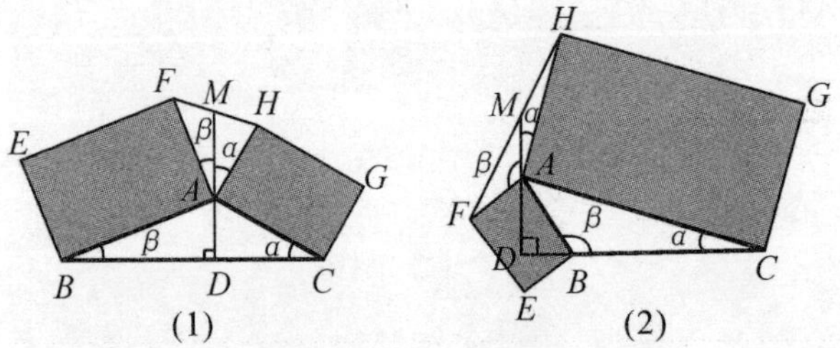

图 7-1

证明 分两种情形：D 点在 BC 上[图 7-1(1)]，或 D 点在 CB 的延长线上[图 7-1(2)]。

显然，这两种情形都只需证明$\triangle MHA$ 和$\triangle MFA$ 等积就可以了。令$\angle MAH=\alpha$，$\angle MAF=\beta$，那么

$$\frac{MH}{MF}=\frac{S_{\triangle MHA}}{S_{\triangle MFA}}=\frac{AH\cdot AM\sin\alpha}{AF\cdot AM\sin\beta}=\frac{AH\sin\alpha}{AF\sin\beta},$$

又$\square ACGH\sim\square BAFE$，所以

$$\frac{AH}{AF}=\frac{AC}{AB},$$

易知$\angle ACB=\alpha$，$\angle ABC=\beta$，所以

$$\frac{MH}{MF}=\frac{AC\sin\alpha}{AB\sin\beta}=\frac{AD}{AD}=1。$$

即

$$MH=MF。$$

〔**例 2**〕 BC 是等腰直角$\triangle ABC$ 的斜边，在 BC 上取 D，使 $DC=\frac{1}{3}BC$，作 BC 垂直 AD 交 AC 于 E。求证：$AE=EC$。(图 7-2)

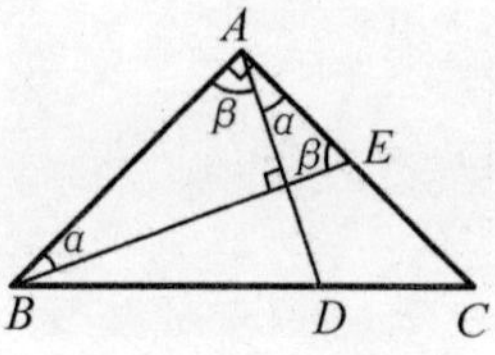

图 7-2

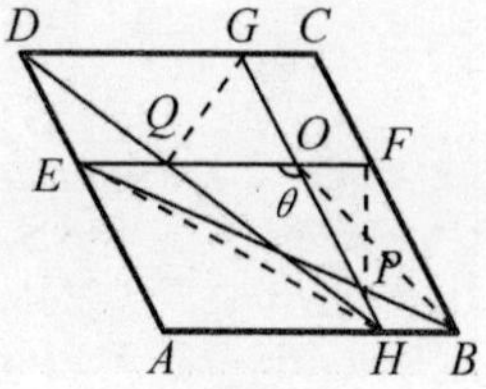

图 7-3

证明 令$\angle DAE=\alpha$，$\angle DAB=\beta$，由 $BE\perp AD$，

$\therefore$ $$\angle ABE=\alpha,\angle AEB=\beta,$$

根据比例定理，有

$$\frac{DC}{BD}=\frac{S_{\triangle ADC}}{S_{\triangle ADB}}=\frac{AC\cdot AD\sin\alpha}{AB\cdot AD\sin\beta}=\frac{\sin\alpha}{\sin\beta}=\frac{AE}{AB}=\frac{AE}{AC},$$

$\because$ $$DC=\frac{1}{3}BC,$$

$\therefore$ $$BD=2DC,$$

∴ $AC=2AE$，

即 $AE=EC$。

〔例 3〕 在□$ABCD$ 内取一点 O，过 O 点作 $EF/\!/AB$，$GH/\!/BC$，交各边于 H、F、G、E(图 7-3)。连接 BE、HD，分别交 GH、EF 于 P、Q。并且 $PO=QO$，求证：$ABCD$ 为菱形。

分析 要证 $AB=BC$，就是要证 $EF=HG$，只需证明$\triangle PEF=\triangle QGH$。

证明 令$\angle POQ=\theta$，由斜高公式，

$$S_{\triangle PEF}=\frac{1}{2}PO\cdot EF\sin\theta, S_{\triangle QGH}=\frac{1}{2}HG\cdot QO\sin\theta,$$

∵ $BF/\!/HO$，

∴ $S_{\triangle FOP}=S_{\triangle BOP}$，

∴ $S_{\triangle PFE}=S_{\triangle BOE}$。

又∵ $BH/\!/OE$，

∴ $S_{\triangle BOE}=S_{\triangle HOE}$，

∴ $S_{\triangle PFE}=S_{\triangle HOE}$，

同理可证 $S_{\triangle QHG}=S_{\triangle HOE}$，

∴ $S_{\triangle PFE}=S_{\triangle QHG}$。

∵ $OP=OQ$，

∴ $EF=GH$。

证明角度相等，通常是利用相似三角形性质、平行线性质、圆周角定理或三角形的内角和关系等。但有时不容易发现这些关系，可试从面积方程式来入手。

〔证题术 2〕 要证两角相等，可将分别含有这两角的三角形面积相比，然后将比值化为仅含有线段的比例式，设法从这个等式中约去某些因式，以证明这两角的正弦相等。

〔例 4〕 设 $ABCD$ 是平行四边形，分别在 AB、AD 边上取 F、E 使 $DF=BE$，DF 与 BE 交于 P。求证：$\angle DPC=\angle BPC$。(图 7-4)

分析 因为含有$\angle DPC$、$\angle BPC$的三角形是$\triangle DPC$和$\triangle BPC$，所以我们可从这两个三角形的面积比入手。

证明

$$\because \quad \frac{PD\cdot PC\sin\angle DPC}{PB\cdot PC\sin\angle BPC}$$

$$=\frac{S_{\triangle DPC}}{S_{\triangle BPC}}=\frac{S_{\triangle DPC}}{S_{ABCD}}\cdot\frac{S_{ABCD}}{S_{\triangle BPC}}$$

$$=\frac{S_{\triangle DPC}}{2S_{\triangle DFC}}\cdot\frac{2S_{\triangle BEC}}{S_{\triangle BPC}}=\frac{DP}{DF}\cdot\frac{BE}{BP}=\frac{DP}{BP},$$

$$\therefore \quad \sin\angle DPC=\sin\angle BPC。$$

又 $$\angle DPC+\angle BPC<180°,$$

$$\therefore \quad \angle DPC=\angle BPC。$$

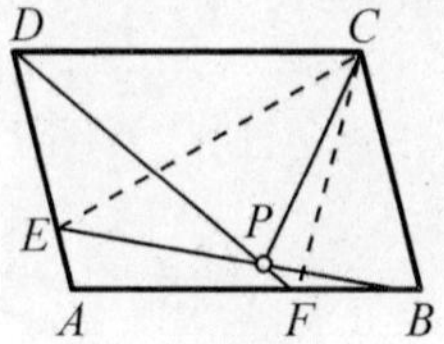

图 7-4

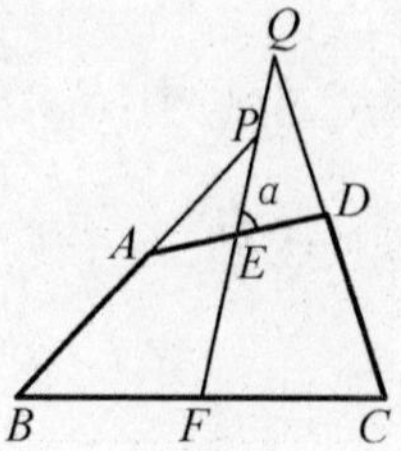

图 7-5

〔例 5〕 在凸四边形$ABCD$中，已知$AB=CD$，E、F分别是AD、BC的中点。延长BA、CD，分别交EF的延长线于P、Q。求证：$\angle APE=\angle CQE$。（图 7-5）

证明 由面积公式

$$S_{\triangle PAE}=\frac{1}{2}AP\cdot PE\sin\angle APE$$

$$=\frac{1}{2}AE\cdot PE\sin\alpha,$$

$$S_{\triangle QDE}=\frac{1}{2}DQ\cdot QE\sin Q$$

$$=\frac{1}{2}DE\cdot QE\sin\alpha,$$

两式相比，得

$$\frac{AP \cdot PE\sin\angle APE}{DQ \cdot QE\sin Q}=\frac{AE \cdot PE\sin\alpha}{DE \cdot QE\sin\alpha}=\frac{PE}{QE},$$

∴ $$AP\sin\angle APE=DQ\sin Q。$$

同理 $$BP\sin\angle APE=CQ\sin Q,$$

两式相减，得

$$(BP-AP)\sin\angle APE=(CQ-DQ)\sin Q,$$

∴ $$AB\sin\angle APE=CD\sin Q。$$

∴ $$AB=CD,$$

∴ $$\sin\angle APE=\sin Q。$$

即 $$\angle APE=\angle CQE。$$

证明两角相等有时也要硬算，如：

〔例 6〕 在直角△ABC 中，BC 为 AB 的 4 倍。延长 BA 至 D 使 $AD=\frac{1}{7}AB$。再作斜边上的高 BE 延长后交 CD 于 F。求证：$\angle DAF=\angle BAC$。(图 7-6)

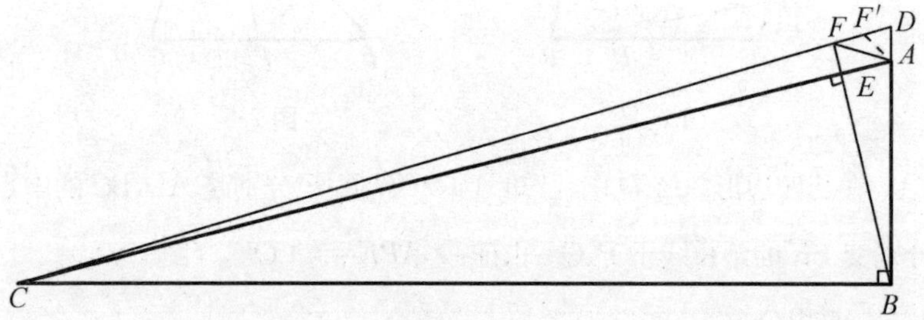

图 7-6

证明 在△ABC 中，$\angle ABE=\angle ACB$，$\angle CBE=\angle BAC$；由面积公式及题设，得

$$\frac{DF}{CF}=\frac{S_{\triangle BDF}}{S_{\triangle BCF}}=\frac{BD \cdot BF\sin\angle ABE}{BC \cdot BF\sin\angle CBE}$$

$$=\frac{8}{28} \cdot \tan\angle ACB=\frac{1}{14},$$

在 CD 上取 F'，使 $\angle F'AD=\angle BAC$，那么

$$\frac{DF'}{CF'}=\frac{S_{\triangle ADF'}}{S_{\triangle ACF'}}=\frac{AD\cdot AF'\sin\angle F'AD}{AC\cdot AF'\sin\angle CAF'}$$

$$=\frac{AD\sin\angle BAC}{AC\sin(180^\circ-2\angle BAC)}$$

$$=\frac{AD}{2AC\cos\angle BAC}$$

$$=\frac{AB}{7}\cdot\frac{1}{2AB}$$

$$=\frac{1}{14}。$$

∴F 与 F' 重合，即$\angle DAF=\angle DAF'=\angle BAC$。

练习题三

1. 证明例 1 的逆命题：如果 M 为 FH 的中点，求证：$AM\perp BC$。（其余条件参看例 1）
2. BH、CF 为同一圆内的两弦。$BH\perp CF$，垂足为 A。$\triangle ABC$ 的高 AD 延长线交 FH 于 M，求证：$MF=MH$。
3. 梯形 $ABCD$ 的对角线 AC、BD 相交于 P。过 P 作梯形下底 AB 的平行线交两腰于 M、N。求证：$MP=NP$。
4. 在直角$\triangle ABC$ 的两腰 AC、BC 上分别作正方形 $ACDE$ 和 $CBFG$，连接 AF、BE 分别交 BC、AC 于 Q、P。求证：$PC=QC$。

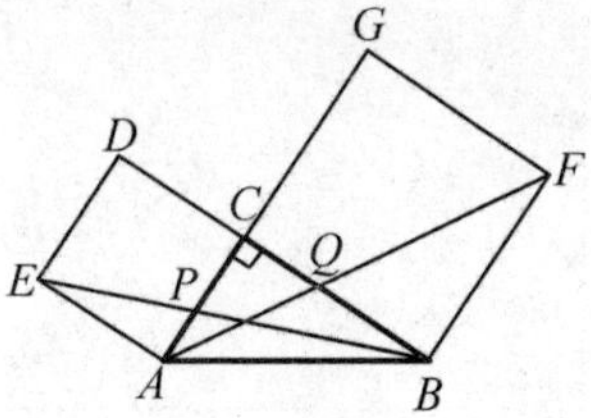

第 4 题图

5. 在正方形 $ABCD$ 内取一点 P。使$\angle PAB=\angle PBA=15^\circ$. 求证：$PD=AB$。
6. 如图，已知等腰$\triangle ABC$，底边 BC 上的高为 AD，以 AD 为直径作圆。过 B、C 分别作圆的切线切于 E、F。EF 交 AD 于 M，交 AC 于 N。求证：$MN=NF$。

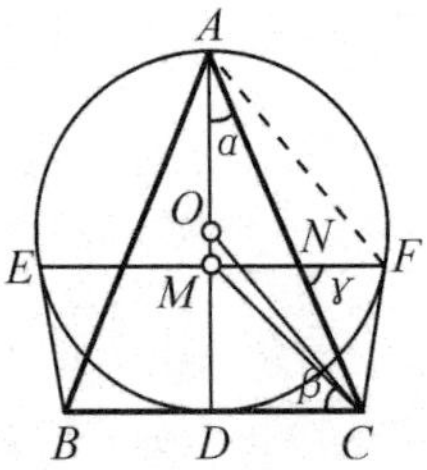

第 6 题图

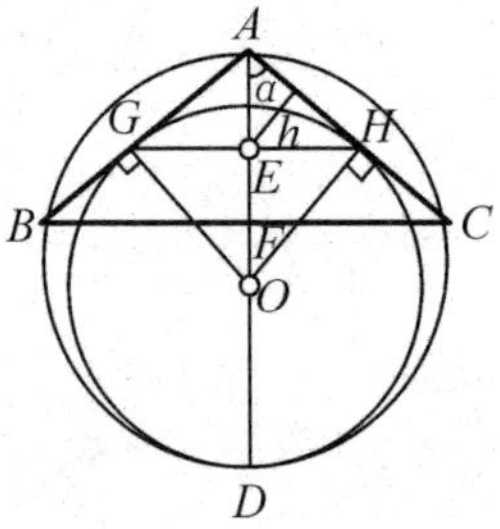

第 7 题图

7. 如图,等腰△ABC 内接于圆。又⊙O 与△ABC 两腰切于 G、H,同时又内切于△ABC 的外接圆于 D。连接 G、H 交∠A 的平分线于 E。求证:E 是△ABC 的内心。

8. 已知 PQ 垂直平分 AB,在 P、Q 之间取 C,使 PC∶QC=PA∶QB,求证:∠PAC=∠QBC。

9. 在例 5 中,如果 ABCD 不是凸四边形,结论是否仍成立?试证明之。

10. 在△ABC 中,B 为直角。BC=a,AB=c。延长 BA 至 D,使 AD=d。作斜边上的高 BE,并延长交 CD 于 F。那么当 $\left(\frac{a}{c}\right)^2=2\left(1+\frac{c}{d}\right)$ 时,必有∠DAF=∠BAC;反之亦然。试证明之。

11. 在直角△ABC 的斜边 BC 上取一点 D,使 BD=2DC,又取 AC 的中点为 E,BE 与 AD 垂直。求证:∠ABC=∠ACB。

第八章

证明比例式或复杂的比例式

因为比例式可化成线段乘积之间的等式，而线段的乘积常可用面积公式表示。因此，运用面积关系证明比例式常常是比较方便的。

〔证题术 3〕 在证明比例关系时，可用面积比代替线段的比，反之亦然；并注意应用比例定理以简化证明。

〔例 1〕 在$\triangle ABC$内任取一点P，直线AP、BP、CP分别交BC、CA、AB于D、E、F。求证：$\frac{AF}{BF}\cdot\frac{BD}{CD}\cdot\frac{CE}{AE}=1$。(图 8-1)

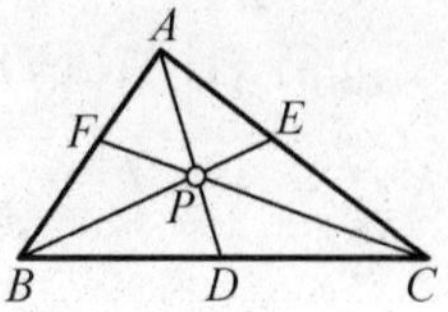

图 8-1

证明 由比例定理，得

$$\frac{AF}{BF}=\frac{S_{\triangle APC}}{S_{\triangle BPC}},\frac{BD}{CD}=\frac{S_{\triangle APB}}{S_{\triangle APC}},\frac{CE}{AE}=\frac{S_{\triangle BPC}}{S_{\triangle APB}}。$$

$$\therefore \quad \frac{AF}{BF}\cdot\frac{BD}{CD}\cdot\frac{CE}{AE}=\frac{S_{\triangle APC}}{S_{\triangle BPC}}\cdot\frac{S_{\triangle APB}}{S_{\triangle APC}}\cdot\frac{S_{\triangle BPC}}{S_{\triangle APB}}=1。$$

在例 1 中，如果点P在$\triangle ABC$的外部，结论仍成立。证明过程与上述相同。请读者自己推证。

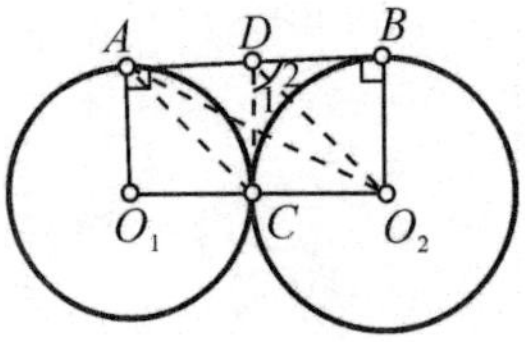

图 8-2

〔例 2〕 $\odot O_1$、$\odot O_2$ 外切于点 C。外公切线 AB 切 $\odot O_1$、$\odot O_2$ 于 A、B；设两圆的直径分别为 d_1、d_2，求证：AB 为 d_1、d_2 的比例中项。(图 8-2)

证明 过 C 点作公切线交 AB 于 D，那么

$$AD=BD=CD=\frac{AB}{2},$$

且$\odot O_2D$ 平分$\angle BDC$，$\angle DAC=\frac{1}{2}\angle BDC$，

$$O_2D/\!/AC,$$

从而 $$S_{\triangle DAC}=S_{\triangle O_2AC}。$$

∴ $$\frac{1}{2}DA\cdot DC\sin\angle ADC=\frac{1}{2}AO_1\cdot CO_2\sin\angle AO_1C。\text{(斜高公式)}$$

∵ $$\angle AO_1C+\angle ADC=180°,$$

∴ $$\sin\angle ADC=\sin\angle AO_1C。$$

∴ $$DA\cdot DC=AO_1\cdot CO_2。$$

即 $$\left(\frac{AB}{2}\right)^2=\left(\frac{d_1}{2}\right)\left(\frac{d_2}{2}\right)。$$

下面的例题，如果不用面积关系证，也是颇难入手的。

〔例 3〕 $ABCD$ 为凸四边形，在 AB、BC、CD、DA 边上顺次取 F、G、H、E，使

$$\frac{FB}{FA}=\frac{HC}{HD}=\lambda,$$

$$\frac{GC}{GB}=\frac{ED}{EA}=\mu,$$

而 P 点为 FH、EG 的交点。求证：$PG:PE=\lambda$，$PH:PF=\mu$。(图 8-3)

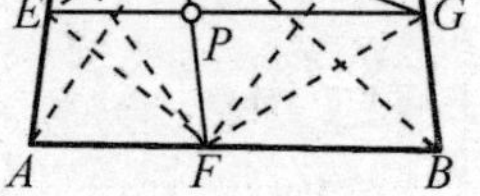

图 8-3

分析 要求比值$\frac{PG}{PE}$，可把它化为面积的比

$$\frac{S_{\triangle FGH}}{S_{\triangle FEH}}=\frac{PG}{PE}$$

来求得。

证明 令 $S_{\triangle FBH}=x, S_{\triangle FCH}=y$，四边形 $BCHF$ 的面积为 ω，那么

$$S_{\triangle GCH}=\frac{\mu}{1+\mu}(\omega-x),S_{\triangle GBF}=\frac{1}{1+\mu}(\omega-y),$$

$$\therefore \quad S_{\triangle FGH}=\omega-\frac{\mu}{1+\mu}(\omega-x)-\frac{1}{1+\mu}(\omega-y)$$

$$=\frac{\mu x+y}{1+\mu}=\frac{\mu}{1+\mu}S_{\triangle FBH}+\frac{1}{1+\mu}S_{\triangle FCH}。$$

同理可得

$$S_{\triangle FEH}=\frac{\mu}{1+\mu}S_{\triangle FAH}+\frac{1}{1+\mu}S_{\triangle FDH}。$$

$$\because \quad S_{\triangle FBH}=\lambda S_{\triangle FAH},S_{\triangle FCH}=\lambda S_{\triangle FDH}。$$

$$\therefore \quad S_{\triangle FGH}=\lambda\left(\frac{\mu}{1+\mu}S_{\triangle FAH}+\frac{1}{1+\mu}S_{\triangle FDH}\right)$$

$$=\lambda S_{\triangle FEH},$$

$$\therefore \quad \frac{PG}{PE}=\frac{S_{\triangle FGH}}{S_{\triangle FEH}}=\lambda。$$

同理可证 $PH:PF=\mu$。

以上所讨论的比例式，两端仅含有乘除运算。如果同时含有加减运算，那么称它为复杂比例式。利用面积关系证明复杂比例式，也是相当有效的。

〔**证题术** 4〕 证明复杂比例式，可找寻与要证等式中线段有关的面积，分块计算再加减以列出等式，经适当变形而求得所要证明的比例式，有时可运用张角关系以简化证明。

〔**例** 4〕 如图 8-4 所示，CD 是直角$\triangle ABC$ 斜边 AB 上的高，求证：

$$\frac{1}{CB^2}+\frac{1}{AC^2}=\frac{1}{CD^2}。$$

证明 由张角关系

$$\frac{\sin 90^\circ}{CD}=\frac{\sin\angle ACD}{CB}+\frac{\sin\angle BCD}{AC}$$

$$=\frac{\sin B}{CB}+\frac{\sin A}{AC}$$

$$=\frac{1}{CB}\cdot\frac{CD}{CB}+\frac{1}{AC}\cdot\frac{CD}{AC}$$

两端除以 CD，得

$$\frac{1}{CB^2}+\frac{1}{AC^2}=\frac{1}{CD^2}。$$

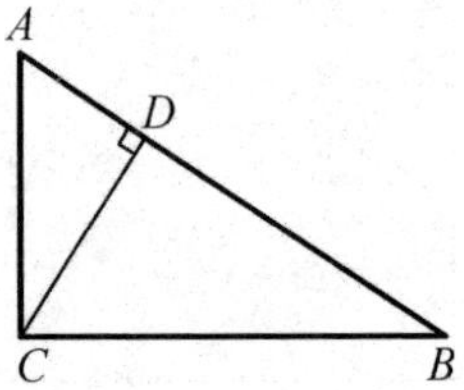

图 8-4

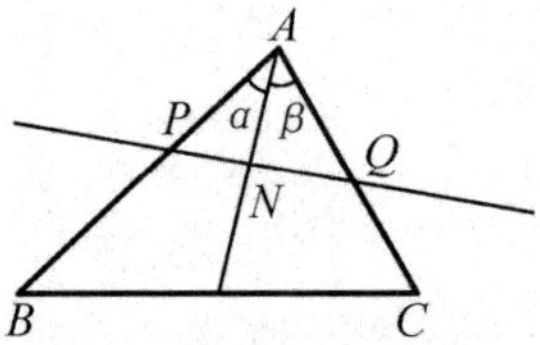

图 8-5

〔例 5〕 设 AM 是 $\triangle ABC$ 的边 BC 上的中线，任作一直线顺次交 AB、AC、AM 于 P、Q、N。

求证：$\frac{AB}{AP}$、$\frac{AM}{AN}$、$\frac{AC}{AQ}$成等差数列。(图 8-5)

证明 由张角关系

$$\frac{\sin(\alpha+\beta)}{AN}=\frac{\sin\beta}{AP}+\frac{\sin\alpha}{AQ}, \tag{1}$$

$$\frac{\sin(\alpha+\beta)}{AM}=\frac{\sin\beta}{AB}+\frac{\sin\alpha}{AC}。 \tag{2}$$

又∵ $MB=MC$，

∴ $S_{\triangle ABM}=S_{\triangle ACM}$，

即 $AB\cdot AM\sin\alpha=AC\cdot AM\sin\beta$，

∴ $AB\sin\alpha=AC\sin\beta$，

$$\frac{\sin\beta}{AB}+\frac{\sin\alpha}{AC}=\frac{2\sin\beta}{AB}=\frac{2\sin\alpha}{AC}。 \tag{3}$$

(1)÷(2)，并利用(3)，得

$$\frac{AM}{AN}=\frac{\frac{\sin\beta}{AP}}{\frac{2\sin\beta}{AB}}+\frac{\frac{\sin\alpha}{AQ}}{\frac{2\sin\alpha}{AC}}=\frac{1}{2}\left(\frac{AB}{AP}+\frac{AC}{AQ}\right)。$$

∴ $$2\frac{AM}{AN}=\frac{AB}{AP}+\frac{AC}{AQ}。$$

即 $$\frac{AM}{AN}-\frac{AB}{AP}=\frac{AC}{AQ}-\frac{AM}{AN}。$$

〔**例** 6〕 在圆内接四边形 $ABCD$ 中，$BC=CD$。

求证：$AC^2=AB\cdot AD+BC^2$。（图 8-6）

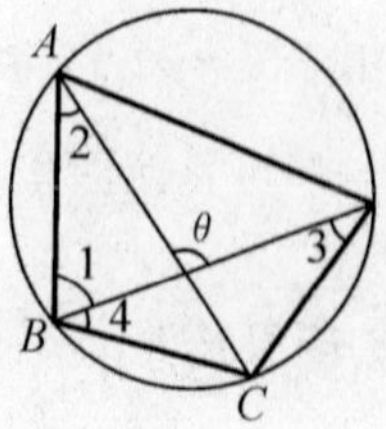

图 8-6

证明 列出面积方程

$$S_{ABCD}=S_{\triangle ABD}+S_{\triangle BCD},\tag{1}$$

利用面积公式，(1)式的右边得

$$S_{\triangle ABD}+S_{\triangle BCD}=\frac{1}{2}(AB\cdot AD+BC^2)\sin\angle BCD,$$

令圆的直径为 d，(1)式的左边得

$$\begin{aligned}S_{ABCD}&=\frac{1}{2}AC\cdot BD\sin\theta=\frac{1}{2}AC\cdot d\sin\angle BCD\cdot\sin\theta\\&=\frac{1}{2}AC\cdot[d\sin(\angle 1+\angle 2)]\cdot\sin\angle BCD\\&=\frac{1}{2}AC\cdot d\cdot\sin(\angle 1+\angle 4)\cdot\sin\angle BCD\\&=\frac{1}{2}AC^2\cdot\sin\angle BCD。\end{aligned}$$

∵ 左边=右边，

∴ $$AC^2=AB\cdot AD+BC^2。$$

下面一个例题，是人们熟知的**托勒密**(Ptolemaeus)**定理**，这里的证法与常见的不同。

〔**例** 7〕 设 $ABCD$ 是圆内接四边形，求证：$AC\cdot BD=AB\cdot CD+AD\cdot BC$。

证明 设圆的直径为 d；过 A 做圆的切线，切线与 AB、AD 的夹角为 α、δ，令

$\angle BAC=\beta$，$\angle CAD=\gamma$（图 8-7）。由直径与弦的关系，得

$$AB=d\sin\alpha, BC=d\sin\beta,$$

$$CD=d\sin\gamma, AD=d\sin\delta,$$

$$AC=d\sin(\alpha+\beta), BD=d\sin(\beta+\gamma),$$

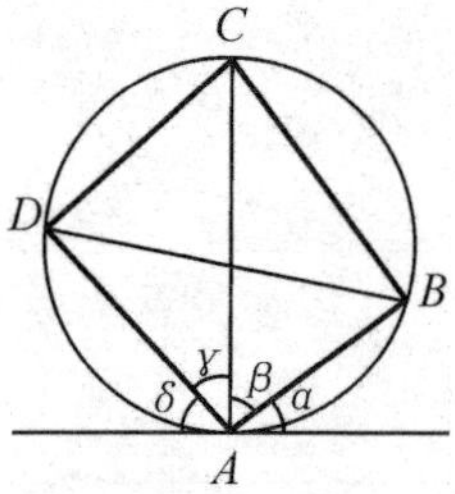

图 8-7

于是，所要证的等式等价于

$$d^2\sin(\alpha+\beta)\sin(\beta+\gamma)=d^2\sin\alpha\sin\gamma+d^2\sin\beta\sin\delta。$$

由于 $\alpha+\beta+\gamma+\delta=180°$，可直接应用第 21 页三角恒等式的结论证得命题成立。

可见用面积关系证明托勒密定理步骤极其简单。

练习题三

1. 在例 1 中，如果点 P 在 $\triangle ABC$ 的外部，试证明有同样的结论。
2. 直线 FE 和 $\triangle ABC$ 的两边 AB、AC 分别交于 F、E，并和 BC 边的延长线交于 D。求证：$\dfrac{AF}{BF}\cdot\dfrac{BD}{CD}\cdot\dfrac{CE}{AE}=1$。

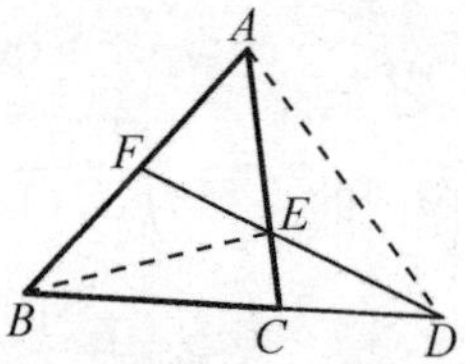

第 2 题图

3. 过 $\triangle ABC$ 的 AC 边中点 E 任作直线交 AB 于 F，交 BC 的延长线于 D。求证：$\dfrac{AF}{BF}=\dfrac{CD}{BD}$。
4. 在 $\triangle ABC$ 内任取一点 P，连接 AP、BP、CP 并且延长，分别交三边于 D、E、F。求证：$\dfrac{AP}{AD}+\dfrac{BP}{BE}+\dfrac{CP}{CF}=2$。
5. 求证：圆外切梯形的高是上、下底的比例中项。
6. 在例 3 中，如果四边形 $ABCD$ 退化为三角形，结论如何？如果 $ABCD$ 是凹四边形或非简单四边形呢？
7. 试应用本节例 3 的结果证明下列有趣的命题：设凸四边形 $ABCD$ 各边的三等分点顺次为 G、H、L、K、F、E、I、J；连接对边上两点的直线分别交于 P、Q、R、S；则四边形 $PQRS$ 的面积恰为四边形 $ABCD$ 面积的 $\dfrac{1}{9}$。（参看书末附图）

8. 由 P 点作四条射线，与直线 l_1、l_2 分别交于 A、B、C、D 和 A'、B'、C'、D'。求证：$\frac{A'B'}{C'B'}:\frac{A'D'}{C'D'}=\frac{AB}{CB}:\frac{AD}{CD}$。

9. 在$\square ABCD$ 的边 AB 上取点 P，使 $AB=3AP$，边 AD 上取点 Q，使 $AD=4AQ$。PQ 交对角线 AC 于 M。求证：$AC=7AM$。

10. 在$\angle P$ 的一边上取两点 A、D，另一边上取两点 B、C，AB、CD 交于 Q，而 PQ 平分$\angle APB$。求证：$\frac{AD}{BC}=\frac{AP\cdot DP}{CP\cdot BP}$。

11. M 是$\triangle ABC$ 边 BC 上任一点。任作一直线分别交 AB、AM、AC 于 P、N、Q。如果 $MB:MC=\lambda:\mu$，求证：$(\lambda+\mu)\frac{AM}{AN}=\lambda\frac{AB}{AP}+\mu\frac{AC}{AQ}$。

12. 设 AE 是$\triangle ABC$ 的角平分线，$AC=\lambda AB$。以 AC 为直径作圆交直线 AE 于 D。求证：$\frac{AE}{AD}=\frac{2}{1+\lambda}$。

13. 四边形 $ABCD$ 内接于圆。求证：$\frac{AC}{BD}=\frac{DC\cdot BC+AB\cdot AD}{BA\cdot BC+DC\cdot AD}$。

第九章

证明和差倍分关系

和差倍分一类题目,实质上是比例问题和复杂比例问题的特例,方法比较简单,这里简略地介绍一下。

〔**证题术** 5〕 线段的和差倍分问题,常可化为有关三角形面积和差倍分问题来解决。

〔**例** 1〕 $\triangle ABC$ 的中线 AD、BE 相交于 M。

求证:$MD=\frac{1}{3}AD$。(图 9-1)

证明 由比例定理

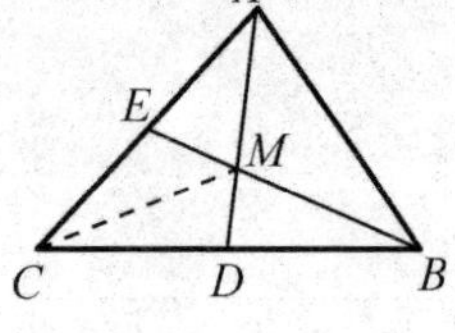

图 9-1

$$\frac{S_{\triangle AMB}}{S_{\triangle AMC}}=\frac{BD}{CD}=1,$$

$$\frac{S_{\triangle AMB}}{S_{\triangle CMB}}=\frac{AE}{CE}=1,$$

$\therefore$ $$S_{\triangle AMB}=S_{\triangle CMB}=S_{\triangle AMC}=\frac{1}{3}S_{\triangle ABC},$$

$\therefore$ $$\frac{MD}{AD}=\frac{S_{\triangle BMC}}{S_{\triangle ABC}}=\frac{1}{3}。$$

上例是大家熟知的命题。由它可导出“三角形三中线交于一点”的定理。读者不妨将这里的证法与教科书上常用证法做一对比，体会一下应用面积关系解题的特点。

〔例 2〕 如图 9-2，在等腰$\triangle ABC$的底边CB的延长线上任取一点P，由P向两腰AB、AC分别引垂线PM、PN，M、N为垂足，腰上的高为h。求证：$|PM-PN|=h$。

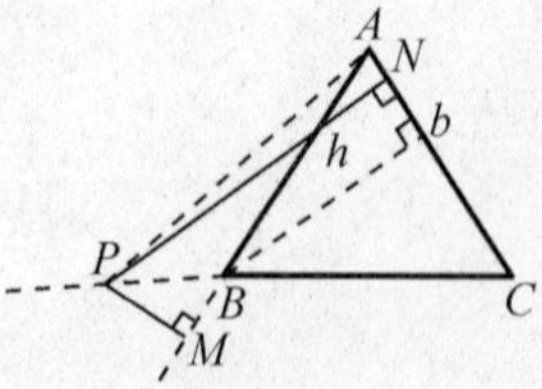

图 9-2

证明 令$\triangle ABC$的腰为b。由面积方程，得

$$|S_{\triangle PAC}-S_{\triangle PAB}|=S_{\triangle ABC}。$$

由面积公式，得

$$\left|\frac{1}{2}PN\cdot AC-\frac{1}{2}PM\cdot AB\right|=\frac{1}{2}bh,$$

$$\frac{1}{2}b|PM-PN|=\frac{1}{2}bh,$$

$$\therefore \quad |PM-PN|=h。$$

〔例 3〕 如图 9-3，已知$\triangle ABC$的三边a、b、c成等差数列，求证：(1)$\triangle ABC$重心G与内心O的连线平行于AC；(2)$|b-a|=3GO$。

证明 (1)设AC上的中线为BD，那么

$$\frac{S_{\triangle GAC}}{S_{\triangle ABC}}=\frac{GD}{BD}=\frac{1}{3},$$

$$\therefore S_{\triangle GAC}=\frac{1}{3}S_{\triangle ABC}。$$

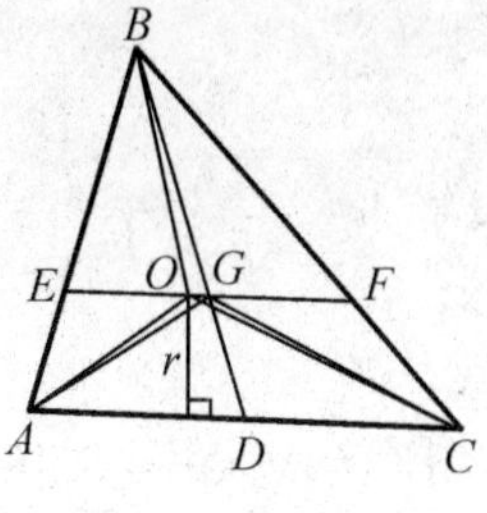

图 9-3

令$\triangle ABC$内切圆的半径为r，那么

$$S_{\triangle ABC}=\frac{1}{2}(a+b+c)r=\frac{3}{2}br=3S_{\triangle OAC}。$$

$$\therefore \quad S_{\triangle GAC}=S_{\triangle OAC},$$

$$\therefore \quad OG/\!/AC。$$

(2)设直线OG分别交AB、BC于E、F。为确定起见，不妨设O在EG上，由比

例定理，得

$$\frac{GF+OG}{GF}=\frac{S_{\triangle BOC}}{S_{\triangle BGC}}=\frac{\frac{1}{2}ar}{\frac{1}{3}S_{\triangle ABC}}=\frac{\frac{1}{2}ar}{\frac{1}{2}br}=\frac{a}{b}。$$

但是

$$GF=\frac{1}{2}EF=\frac{1}{2}\cdot\frac{2}{3}\cdot AC=\frac{b}{3},$$

∴ $$1+\frac{3OG}{b}=\frac{a}{b},$$

∴ $$|b-a|=3OG。$$

〔**例** 4〕 等边△ABC内接于圆O，在$\overset{\frown}{BC}$上任取一点P。求证：$PA=PB+PC$。(图 9-4)

证明 列出面积方程

$$S_{ABPC}=S_{\triangle PAB}+S_{\triangle PAC}。$$

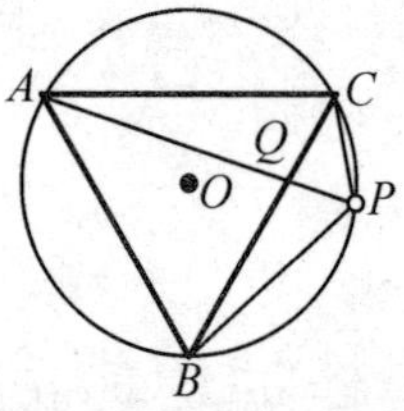

图 9-4

由面积公式，得

$$\frac{1}{2}PA\cdot BC\sin\angle AQC$$

$$=\frac{1}{2}PA\cdot PB\sin\angle BPA+\frac{1}{2}PA\cdot PC\sin\angle CPA,$$

∴ $$BC\sin(\angle APC+\angle BCP)=(PB+PC)\sin 60°。$$

∵ $$\angle APC=60°=\angle ACB,$$

$$BC\sin\angle ACP=(PB+PC)\sin\angle APC。$$

∵$BC=AC$，由正弦定理，得

∴ $$PB+PC=BC\cdot\frac{\sin\angle ACP}{\sin\angle APC}=AP。$$

练习题八

1. 在△ABC的AB、AC边上分别取D、E，连接CD、BE相交于O。$\frac{AD}{BD}=\lambda$，$\frac{AE}{CE}=\mu$。求证：$\frac{DO}{CO}=\frac{\mu}{1+\lambda}$，$\frac{EO}{BO}=\frac{\lambda}{1+\mu}$。并说明例1是这一题的特例。

2. 在△ABC中，重心G和内心O的连线平行于AC。求证：$AB+BC=2AC$。

3. 在等腰△ABC底边BC上任取一点P，自P向两腰作垂线PD、PE；设AB边上的高为h，求证：$PD+PE=h$。

4. 在等边三角形内任取一点P。求证：P到三边距离之和为常数，这个常数为等边三角形的高。如果点P在三角形的外部，那么又有什么类似的结论？

5. AE是△ABC中$\angle A$的平分线，$AC=3AB$，自点C作AE的垂线交AE的延长线于D。求证：$AD=2AE$。

第十章

证明三点共线与三线共点

在平面几何中，关于三点共线的证明题常被认为是较难入手的，而运用面积关系证明这类问题，有一个明确的方向：只要证明以三点为顶点所组成的三角形面积为 0 就可以了。但这三点所组成三角形的面积有时不便于直接计算，不妨适当地选取另一点，用下面间接的方法达到目的。

〔**证题术** 6〕 要证 P 点在线段 BC 上，可在线段 BC 外适当选取另一点 A，证明

$$S_{\triangle ABC}=S_{\triangle ABP}+S_{\triangle ACP}$$

或直接应用"张角关系"证明。

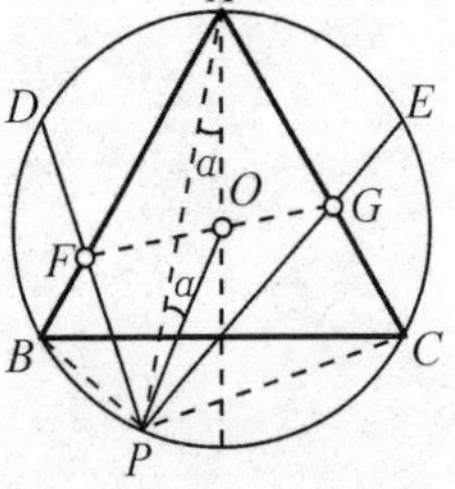

图 10-1

下面，便是直接应用张角关系证明三点共线的一例。

〔**例** 1〕 设正三角形 ABC 内接于⊙O，点 D、E 分别为 $\overset{\frown}{AB}$、$\overset{\frown}{AC}$的中点。在$\overset{\frown}{BC}$上任取一点 P，连接 PD、PE 分别交 AB、AC 于 F、G。求证：F、G、O 共线。(图 10-1)

分析 要证明 F、G、O 共线，根据张角关系，只需证明

$$\frac{\sin\angle FPG}{PO}=\frac{\sin\angle FPO}{PG}=\frac{\sin\angle GPO}{PF}$$

就可以了。

证明 令$\angle APO=\alpha$，$\odot O$的直径$2PO=d$，那么

$$\frac{\sin\angle FPG}{PO}=\frac{2\sin 60^\circ}{d}=\frac{\sqrt{3}}{d}。$$

$$\frac{\sin\angle FPO}{PG}+\frac{\sin\angle GPO}{PF}$$

$$=\frac{\sin(30^\circ+\alpha)}{PG}+\frac{\sin(30^\circ-\alpha)}{PF} \tag{1}$$

由P点出发的三射线PA、PG、PC，A、G、C共线，根据张角关系，得

$$\frac{\sin 60^\circ}{PG}=\frac{\sin 30^\circ}{PC}+\frac{\sin 30^\circ}{PA} \tag{2}$$

利用直径与弦的关系，得

$$PC=d\sin(30^\circ+\alpha),PA=d\cos\alpha。$$

代入(2)，得

$$\frac{1}{PG}=\frac{1}{2\sin 60^\circ}\left[\frac{1}{d\sin(30^\circ+\alpha)}+\frac{1}{d\cos\alpha}\right]。 \tag{3}$$

同理，得

$$\frac{1}{PF}=\frac{1}{2\sin 60^\circ}\left[\frac{1}{d\sin(30^\circ-\alpha)}+\frac{1}{d\cos\alpha}\right]。 \tag{4}$$

把(3)、(4)代入(1)式，得

$$\frac{\sin(30^\circ+\alpha)}{PG}+\frac{\sin(30^\circ-\alpha)}{PF}$$

$$=\frac{1}{2d\sin 60^\circ}\left[2+\frac{\sin(30^\circ+\alpha)+\sin(30^\circ-\alpha)}{\cos\alpha}\right]$$

$$=\frac{3}{2d\sin 60^\circ}=\frac{\sqrt{3}}{d},$$

所以，

$$\frac{\sin\angle FPG}{PO}=\frac{\sin\angle EPO}{PG}+\frac{\sin\angle GPO}{PF},$$

因此F、G、O三点共线。

下面一例是1959年国际数学竞赛的一道题。常见的题解都是用解析几何方法来证的，这里我们提供一个不同的证法。

〔例2〕 在线段 AB 上取内分点 M，使 $AM \leqslant BM$。分别以 MA、MB 为边，在 AB 的同侧作正方形 $AMCD$ 和 $MBEF$。⊙P 和⊙Q 分别是这两个正方形的外接圆，两圆交于 M、N。求证：B、C、N 三点共线。（图10-2）

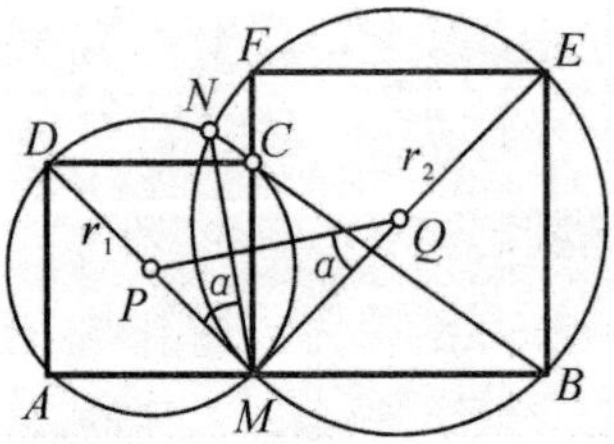

图 10-2

分析 要证明 B、C、N 共线，只需证明

$$S_{\triangle MBC}+S_{\triangle MNC}=S_{\triangle MNB}$$

就可以了。

证明 设⊙P、⊙Q 的半径分别为 r_1、r_2，那么 $MC=\sqrt{2}r_1$，$MB=\sqrt{2}r_2$，显然有

$$PM\perp MQ, MN\perp PQ, \angle PQM=\angle PMN。$$

令 $\angle PQM=\angle PMN=\alpha$，由面积公式，得

$$\begin{aligned}S_{\triangle MNB}&=\frac{1}{2}MN\cdot MB\sin\angle BMN\\&=\frac{1}{2}\cdot 2r_1\cos\alpha\cdot\sqrt{2}r_2\sin(90^\circ+45^\circ-\alpha)\\&=\sqrt{2}r_1r_2\cos\alpha\cos(45^\circ-\alpha);\end{aligned}$$

$$\begin{aligned}S_{\triangle MNC}&=\frac{1}{2}MN\cdot MC\sin\angle CMN\\&=\frac{1}{2}\cdot 2r_2\sin\alpha\cdot\sqrt{2}r_1\sin(45^\circ-\alpha)\\&=\sqrt{2}r_1r_2\sin\alpha\sin(45^\circ-\alpha)。\end{aligned}$$

∴ $$S_{\triangle MNB}-S_{\triangle MNC}$$

$$=\sqrt{2}r_1r_2[\cos\alpha\cos(45^\circ-\alpha)-\sin\alpha\sin(45^\circ-\alpha)]$$

$$=\sqrt{2}r_1r_2\cos45^\circ=r_1r_2=S_{\triangle MBC}。$$

∴ $$S_{\triangle MBC}+S_{\triangle MNC}=S_{\triangle MNB}。$$

下面一例是著名的"西姆松(Simson)定理"，它是平面几何中难度较大的题目

之一。

〔**例** 3〕 P 是$\triangle ABC$外接圆上任意一点；自点 P 向$\triangle ABC$的三边作垂线，垂足分别为 Q、R、S。求证：Q、R、S 共线。(图 10-3)

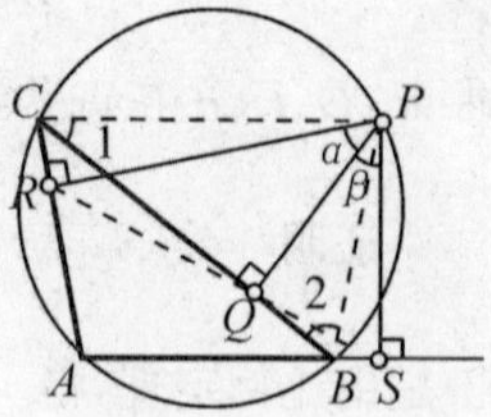

图 10-3

分析 要证明 Q、R、S 共线，只要证明

$$S_{\triangle PRS}=S_{\triangle PRQ}+S_{\triangle PSQ}$$

就可以了。

证明 $S_{\triangle PRS}=\frac{1}{2}PR\cdot PS\sin\angle RPS,\qquad(1)$

$$S_{\triangle PRQ}+S_{\triangle PSQ}=\frac{1}{2}[PR\cdot PQ\sin\angle RPQ+PS\cdot PQ\sin\angle SPQ]。\qquad(2)$$

令$\angle RPQ=\alpha$，$\angle SPQ=\beta$，那么$\angle RPS=\alpha+\beta$，令圆的半径为 r，$\angle PCQ=\angle 1$，$\angle PBQ=\angle 2$。由于点 P 在圆周上，所以$\angle 1+\angle 2=A$。又因为$\angle PQC$、$\angle PRC$、$\angle PSB$、$\angle PQB$ 均为直角，所以

$$\alpha=\angle ACB,\beta=\angle ABC,\alpha+\beta=180^\circ-A。$$

又由弦、圆周角和半径的关系，得

$$PR=PC\sin\angle PCR=2r\sin\angle 2\sin(\alpha+\angle 1),\qquad(3)$$

$$PS=PB\sin\angle PBS=2r\sin\angle 1\sin(\alpha+\angle 1),\qquad(4)$$

$$PQ=PC\sin\angle 1=2r\sin\angle 1\sin\angle 2。\qquad(5)$$

把(3)、(4)、(5)式代入(1)、(2)，可发现所欲证的等式等价于下列等式

$$\sin(\alpha+\beta)\sin(\alpha+\angle 1)=\sin\alpha\sin\angle 2+\sin\beta\sin\angle 1。$$

由于$\alpha+\beta+\angle 1+\angle 2=180^\circ$，这正是我们在第 21 页用面积关系证明过的恒等式，所以

$$S_{\triangle PRS}=S_{\triangle PRQ}+S_{\triangle PSQ},$$

Q、R、S 三点共线。

〔**例** 4〕 在$\triangle ABC$的两边 AB、AC 上分别取 F、E 两点，在 BC 的延长线上取 D 点，使

$$\frac{AF}{BF}\cdot\frac{BD}{CD}\cdot\frac{CE}{AE}=1。$$

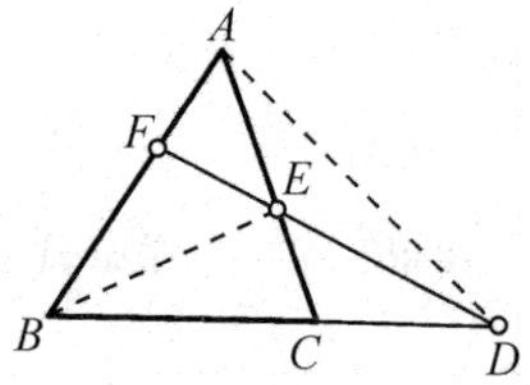

图 10-4

求证：D、E、F 三点共线。（图 10-4）

证明　设 $S_{\triangle ABD}=s$，$\frac{AF}{BF}=\lambda$，$\frac{BD}{CD}=\mu$，那么 $\frac{AE}{CE}=\lambda\mu$。

于是由比例定理，得

$$S_{\triangle BDF}=\frac{1}{1+\lambda}s,\ S_{\triangle BED}=\frac{1}{1+\lambda\mu}s,$$

$$S_{\triangle BEF}=\frac{1}{1+\lambda}S_{\triangle ABE}=\frac{1}{1+\lambda}\cdot\frac{\lambda\mu}{1+\lambda\mu}S_{\triangle ABC}$$

$$=\frac{1}{1+\lambda}\cdot\frac{\lambda\mu}{1+\lambda\mu}\cdot\frac{\mu-1}{\mu}s,$$

$$\therefore\quad S_{\triangle BEF}+S_{\triangle BED}=\left(\frac{1}{1+\lambda}\cdot\frac{\mu}{1+\lambda\mu}+\frac{1}{1+\lambda\mu}\right)s$$

$$=\frac{s}{1+\lambda}=S_{\triangle BDF}。$$

∴D、E、F 三点共线。

在上题中，如果 D、E、F 三点分别在 $\triangle ABC$ 三边的延长线上，结论仍然成立。如果三点分别在三边上，或有且仅有一点在某边上，结论显然不能成立。为了用统一的简洁语言表达这些事实，我们用有向线段的比代替线段的比，例如，当 F 点在 AB 上时，比值 $\frac{\overline{AF}}{\overline{BF}}<0$，因为 $\overline{AF}$ 与 $\overline{BF}$ 反向；如果 F 点在 AB 的延长线上，那么 $\overline{AF}$ 与 $\overline{BF}$ 同向，所以 $\frac{\overline{AF}}{\overline{BF}}>0$。这样，当 F、E、D 三点共线时，题中出现的三个比值，如果用有向线段的比来代替，乘积恒为正，结合练习题八第 2 题的类似推广，可得

梅内劳斯(Menelaus)定理　在 $\triangle ABC$ 三边所在直线 BC、CA、AB 上分别取点 D、E、F。那么这三点共线的充分必要条件是

$$\frac{\overline{AF}}{\overline{BF}}\cdot\frac{\overline{BD}}{\overline{CD}}\cdot\frac{\overline{CE}}{\overline{AE}}=1。$$

证明三直线共点，不像证明三点共线那样容易。但是，我们可以把它转化为三

点共线的问题去解决。

〔**证题术 7**〕 欲证 l_1、l_2、l_3 三直线交于一点，可先定出 l_1、l_2 的交点 P，在 l_3 上再选两点 A、B，然后证明 P、A、B 三点共线。

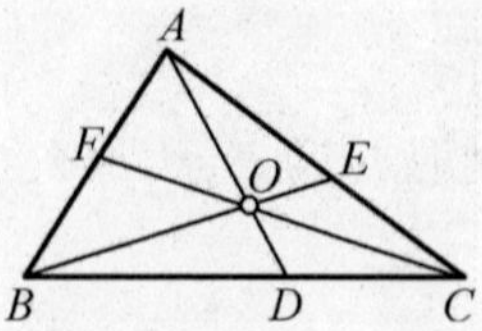

图 10-5

〔**例 5**〕 $\triangle ABC$ 的三边 BC、CA、AB 上各有一点 D、E、F，使

$$\frac{AF}{BF}\cdot\frac{BD}{CD}\cdot\frac{CE}{AE}=1,$$

求证：AD、BE、CF 交于一点。（图 10-5）

分析 要证明 AD、BE、CF 交于一点，设 AD、BE 交于 O，只要证明 C、O、F 三点共线就可以了。

证明 令$\triangle ABC$ 面积为 s，并设

$$AF:BF=\lambda:1, BD:CD=\mu:1,$$

那么

$$CE:AE=1:\lambda\mu。$$

又

$$\frac{S_{\triangle BOC}}{S_{\triangle AOC}}=\frac{S_{\triangle BOC}}{S_{\triangle AOB}}\cdot\frac{S_{\triangle AOB}}{S_{\triangle AOC}}=\frac{1}{\lambda\mu}\cdot\frac{\mu}{1}=\frac{1}{\lambda},$$

$$\frac{S_{\triangle BOF}}{S_{\triangle AOF}}=\frac{1}{\lambda},$$

∴

$$S_{\triangle BOC}+S_{\triangle BOF}=\frac{1}{\lambda}(S_{\triangle AOC}+S_{\triangle AOF})$$

$$=\frac{1}{\lambda}[s-S_{\triangle BOC}-S_{\triangle BOF}]。$$

展开，得

$$S_{\triangle BOC}+S_{\triangle BOF}=\frac{1}{\lambda}s-\frac{1}{\lambda}S_{\triangle BOC}-\frac{1}{\lambda}S_{\triangle BOF},$$

$$\left(1+\frac{1}{\lambda}\right)(S_{\triangle BOC}+S_{\triangle BOF})=\frac{1}{\lambda}s,$$

∴

$$S_{\triangle BOC}+S_{\triangle BOF}=\frac{1}{1+\lambda}s=S_{\triangle BCF}。$$

这就证明了 O 点在 CF 上，即 AD、BE、CF 共点。

运用同样的方法可以证明：当 F、D、E 三点中有两点外分△ABC 的边时，这命题仍成立。综合多种情况，并结合第九章例 1，可以得到十分有用的塞瓦(Ceva)定理。

塞瓦定理 在△ABC 的三边所在直线 BC、CA、AB 上分别取点 D、E、F，那么

$$\frac{\overline{AF}}{\overline{BF}}\cdot\frac{\overline{BD}}{\overline{CD}}\cdot\frac{\overline{CE}}{\overline{AE}}=-1$$

是 AD、BE、CF 交于一点的充要条件。

请读者仿例题分多种情形证明这条定理。

〔例 6〕 以△ABC 的三边为底，分别向形外作相似的等腰三角形，△BCD、△ACE 和△ABF。求证：AD、BE、CF 三直线交于一点。

证明 设边上所作的等腰三角形底角为 α，△ABC 的最大角为 A，如果 $A+\alpha=180°$，那么 AD、BE、CF 显然交于 A。所以我们只需证明 $A+\alpha<180°$[图 10-6(1)]和 $A+\alpha>180°$[图 10-6(2)]的两种情形。

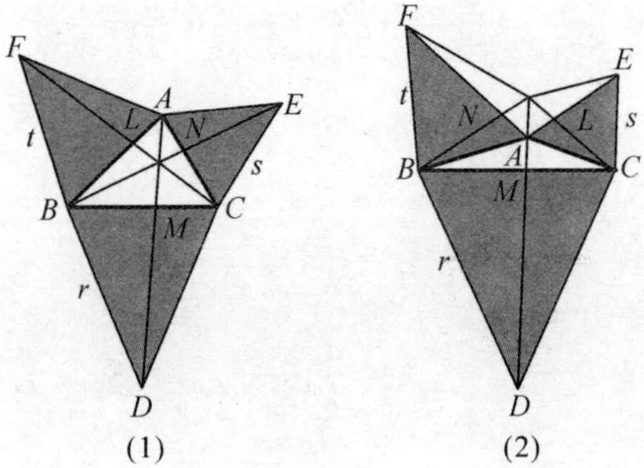

图 10-6

设 AD 交 BC 于 M、BE 交 AC 于 N、CF 交 AB 于 L，要证的即是 AM、BN、CL 交于一点。

如果以 A、B、C 分别表示△ABC 的三个角，a、b、c 表示 A、B、C 的对边，r、s、t 分别表示 a、b、c 边上的等腰三角形的腰。

i)图 10-6(1)的情形，有

$$\frac{LA}{LB}\cdot\frac{MB}{MC}\cdot\frac{NC}{NA}=\frac{S_{\triangle AFC}}{S_{\triangle BFC}}\cdot\frac{S_{\triangle ADB}}{S_{\triangle ADC}}\cdot\frac{S_{\triangle CBE}}{S_{\triangle ABE}}$$

$$=\frac{bt\sin(A+\alpha)}{at\sin(B+\alpha)}\cdot\frac{cr\sin(B+\alpha)}{br\sin(C+\alpha)}\cdot\frac{as\sin(C+\alpha)}{cs\sin(A+\alpha)}=1。$$

于是由例 5 可知，AM、BN、CL 交于一点。

ii)图 10-6(2)的情形，有

$$\frac{LA}{LB}\cdot\frac{MB}{MC}\cdot\frac{NC}{NA}=\frac{S_{\triangle AFC}}{S_{\triangle BFC}}\cdot\frac{S_{\triangle ADB}}{S_{\triangle ADC}}\cdot\frac{S_{\triangle CBE}}{S_{\triangle ABE}}$$

$$=\frac{bt\sin(360^\circ-A-\alpha)}{at\sin(B+\alpha)}+\frac{cr\sin(B+\alpha)}{br\sin(C+\alpha)}\cdot\frac{as\sin(C+\alpha)}{cs\sin(360^\circ-A-\alpha)}$$

$$=1。$$

由于 M、N、L 中恰有两点外分$\triangle ABC$ 的边，所以由例 5 后面的说明(或塞瓦定理)可知，AM、BN、CL 共点，即 AD、BE、CF 交于一点。

练习题九

1. 在例 1 中，如果 P 为圆周上任一点，结论是否成立？

2. 在例 2 中，把条件“$AMCD$ 和 $MBEF$ 为正方形”改为“$AMCD$ 和 $BEFM$ 为相似矩形”，试证明结论成立。

3. $\triangle ABC$ 的外接圆的半径为R，平面上任取一点 T，由 T 向$\triangle ABC$ 的三边作垂线，垂足为 Q、P、S。设 T 到圆心的距离为d。求证：

$$S_{\triangle QPS}=\frac{1}{4R^2}|R^2-d^2|\cdot S_{\triangle ABC}。$$

4. 已知梯形 $ABCD$ 上、下底的和等于腰 AB。$\angle A$、$\angle B$ 的平分线交于E。求证：C、D、E 三点共线。

5. 四边形 $ABCD$ 外切于$\odot O$，M、N 分别为 AC、BD 的中点。求证：M、N、O 三点共线。

6. 用面积关系证明：三角形的三条高交于一点。

7. 用塞瓦定理证明：三角形的三条中线、三条角平分线、三条高分别交于一点。

8. 用面积关系证明：在△*ABC* 的三边 *BC*、*CA*、*AB* 上分别作正三角形△*BCD*、△*CAE*、△*ABF*，求证：*AD*、*BE*、*CF* 交于一点。[此点叫做△*ABC* 的"费马(Fermat)点"]

9. 用面积关系证明：在△*ABC* 的三边 *BC*、*CA*、*AB* 上分别作正方形，正方形中心顺次为 *D*、*E*、*F*，求证：*AD*、*BE*、*CF* 交于一点。

第十一章

利用面积关系作几何计算

计算题和证明题是相通的。有些证明题，特别是应用面积关系来做的时候，其证明过程就很像在计算。而一个计算题，如果题目中预先给出了计算的，便成了证明题。

利用面积关系作计算，基本方法仍然是列出面积方程，以下略举数例，读者不难触类旁通。

〔例1〕 菱形 $BFDE$ 的三顶点 D、E、F 分别在$\triangle ABC$ 的 AC、AB、BC 边上。已知 $AB=c$，$BC=a$。求菱形的周长。(图 11-1)

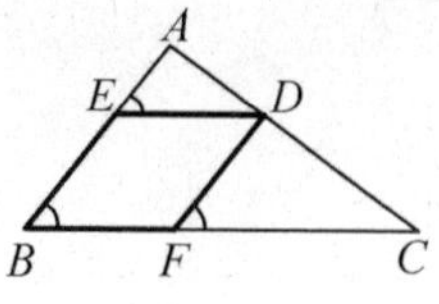

图 11-1

解 设菱形边长为 x，列出面积方程

$$S_{\triangle ABC}=S_{\triangle AED}+S_{\triangle DFC}+S_{BFDE},$$

由于$\angle AED=\angle DFC=\angle B$，所以

$$\frac{1}{2}ac\sin B=\frac{1}{2}x(c-x)\sin B+\frac{1}{2}x(a-x)\sin B+x^2\sin B,$$

$$ac=x(c-x)+x(a-x)+2x^2$$

$$=(a+x)x,$$

∴ $$x=\frac{ac}{a+c}。$$

所以菱形周长为$\frac{4ac}{a+c}$。

有些题目，未知量涉及的三角形比较多，在列面积方程时就应当有所选择，尽可能把那些同时联系着未知量和已知量的三角形列入方程。

〔例 2〕 $\square ABCD$ 对角线的交点为 O。在 AB 的延长线上任取一点 E，连接 OE 交 BC 于 F。已知 $AB=a$，$AD=c$，$BE=b$，求 BF。（图 11-2）

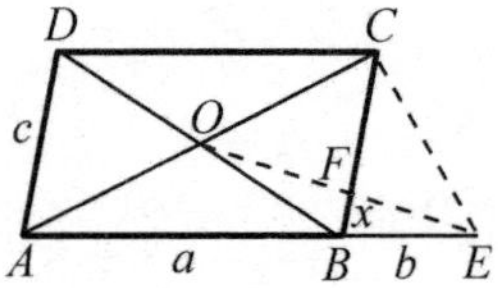

图 11-2

分析 和未知量 $x=BF$ 相联系的三角形颇多。有$\triangle BFE$、$\triangle BOF$、$\triangle BOE$，其中$\triangle BOE$ 既有已知边 b，又和有已知边 a 的$\triangle OAB$ 共顶点；同时，$\triangle BOE$ 和$\triangle COE$ 共底 OE，且已知线段 $BC=c$ 是它们的共线斜高的和。因此，我们可从$\triangle OBE$ 入手。

解 $$\frac{S_{\triangle OBE}}{S_{\triangle OCE}}=\frac{BF}{FC}=\frac{x}{c-x},$$

又∵ $$AO=CO,$$

∴ $$\frac{S_{\triangle OCE}}{S_{\triangle OBE}}=\frac{S_{\triangle AOE}}{S_{\triangle OBE}}=\frac{AE}{BE}=\frac{a+b}{b},$$

∴ $$\frac{x}{c-x}=\frac{b}{a+b}。$$

解得 $$x=\frac{bc}{a+2b}。$$

下面的例题，初看似颇难入手，但用面积关系来做，却特别简便。

〔例 3〕 已知 D、E 是 AB 的三分点，即 $AD=DE=EB$；以 DE 为直径作半圆，在半圆上任取一点 C。求证：

$$\tan\angle ACD\cdot\tan\angle BCE=\frac{1}{4}。（图 11-3）$$

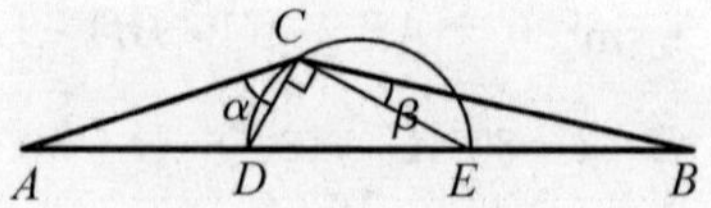

图 11-3

证明 令$\angle ACD=\alpha$，$\angle BCE=\beta$，由于

$$S_{\triangle CAD}=\frac{1}{2}AC\cdot DC\sin\alpha,$$

$$S_{\triangle CAE}=\frac{1}{2}AC\cdot CE\sin(\alpha+90^\circ),$$

又$AE=2AD$，所以$S_{\triangle CAE}=2S_{\triangle CAD}$，

两式相比，得

$$\frac{1}{2}=\frac{S_{\triangle CAD}}{S_{\triangle CAE}}=\frac{DC\sin\alpha}{CE\sin(\alpha+90^\circ)}$$

$$=\frac{DC\sin\alpha}{CE\cos\alpha}=\frac{DC}{CE}\tan\alpha。$$

同理

$$\frac{1}{2}=\frac{S_{\triangle CBE}}{S_{\triangle CDB}}=\frac{CE}{DC}\tan\beta。$$

两式相乘，得

$$\frac{1}{4}=\frac{DC}{CE}\cdot\frac{CE}{DC}\tan\alpha\cdot\tan\beta=\tan\alpha\cdot\tan\beta。$$

〔例 4〕 在$\triangle ABC$中，$\angle BAC=60^\circ$。$\angle A$的平分线交对边BC于D。AD为BD、CD的比例中项，求$\angle ADB$、$\angle ADC$。(图 11-4)

解 令$\angle ADC=t$，由面积公式

$$2S_{\triangle ABD}=AB\cdot AD\cdot\sin30^\circ$$

$$=AB\cdot BD\sin B$$

$$2S_{\triangle ACD}=AC\cdot AD\sin30^\circ$$

$$=AC\cdot DC\sin C。$$

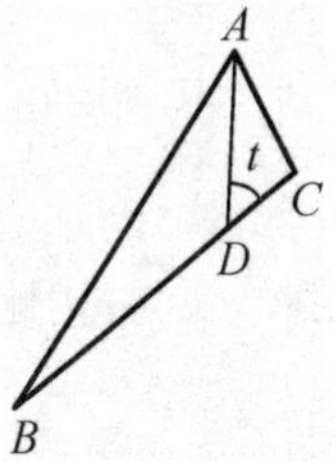

图 11-4

两式相乘，得

$$AB \cdot AC \cdot AD^2 \cdot \sin^2 30° = AB \cdot AC \cdot BD \cdot DC \cdot \sin B \sin C。$$

由题设 $AD^2 = BD \cdot DC$，又 $B = t - 30°$，$C = 180° - (t + 30°)$，

∴
$$\sin^2 30° = \sin(t - 30°)\sin(t + 30°)$$
$$= \sin^2 t \cdot \cos^2 30° - \cos^2 t \cdot \sin^2 30°,$$

∴
$$\sin^2 t - \frac{1}{4} = \frac{1}{4}.$$

解得 $\sin t = \frac{\sqrt{2}}{2}$。由此可见，$\angle ADC$ 与 $\angle ADB$ 中，一角为 45°，另一角为 135°，看 AB、AC 谁大谁小而确定角的大小。

下面的例题是 1960 年国际数学竞赛的试题，用面积关系来解似乎并不难。

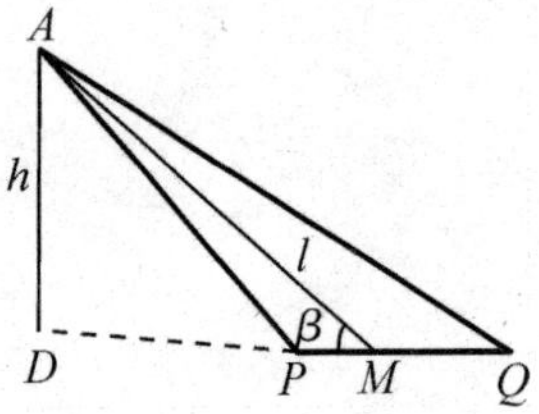

图 11-5

〔例 5〕 已知直角△ABC 斜边 BC 被分成 n 等分，n 为奇数。A 点对着含有斜边中点那一小段的张角为 α，h 为 BC 上的高，斜边的长为 a。求证：$\tan\alpha = \frac{4nh}{(n^2-1)a}$。

解 我们先解如图 11-5 所示更为一般的问题："已知△APQ 的中线 $AM = l$，高 $AD = h$，以及 $PQ = 2d$，求 $\tan\angle PAQ$。"

由面积公式，得

$$2S_{\triangle APQ} = AP \cdot AQ \sin\angle PAQ = 2dh, \tag{1}$$

再先后对△APQ、△APM、△AQM 使用余弦定理，得

$$2AP \cdot AQ\cos\angle PAQ = AP^2 + AQ^2 - PQ^2$$
$$= d^2 + l^2 - 2dl\cos\beta + d^2 + l^2 + 2dl\cos\beta - 4d^2$$
$$= 2(l^2 - d^2)。 \tag{2}$$

由(1)、(2)相比，得

$$\tan\angle PAQ = \frac{2dh}{l^2 - d^2}。 \tag{3}$$

把原题条件 $l = \frac{a}{2}$，$d = \frac{a}{2n}$ 代入(3)，得

$$\tan\alpha=\frac{\frac{a}{n}\cdot h}{\left(\frac{a}{2}\right)^2-\frac{a^2}{4n^2}}=\frac{4ahn}{a^2(n^2-1)}=\frac{4nh}{a(n^2-1)}。$$

下面，我们利用上章习题第 3 题的结果，导出关于三角形内心与外心距离的公式——**欧拉(Euler)公式。**

设$\triangle ABC$外接圆圆心为O，内切圆圆心为I，外接圆和内切圆的半径分别为R、r。求证：$OI^2=R^2-2Rr$。

解 设$\odot I$切$\triangle ABC$三边于Q、R、S，则I关于$\triangle ABC$的垂足三角形为$\triangle QPS$。由面积公式得

$$\begin{aligned}S_{\triangle QPS}&=\frac{1}{2}r^2\sin(180^\circ-A)+\frac{1}{2}r^2\sin(180^\circ-B)+\frac{1}{2}r^2\sin(180^\circ-C)\\&=\frac{1}{2}r^2(\sin A+\sin B+\sin C)\\&=\frac{1}{2}r^2\cdot\frac{1}{2R}(2R\sin A+2R\sin B+2R\sin C)\\&=\frac{r}{2R}\cdot\frac{r}{2}(a+b+c)=\frac{r}{2R}S_{\triangle ABC}。\end{aligned}$$

将上述结果代入垂足三角形面积公式(练习题九第 3 题)得

$$S_{\triangle QPS}=\frac{1}{4R^2}|R^2-d^2|\cdot S_{\triangle ABC}。$$

这里，$d^2=OI^2$，而且显然$R^2-OI^2>0$，所以

$$\frac{r}{2R}=\frac{1}{4R^2}(R^2-OI^2),$$

∴ $$OI^2=R^2-2Rr。$$

练习题十

1. 在$\triangle ABC$中，BO为$\angle ABC$的平分线，在AB的延长线上任取一点E，连接OE交BC于F。已知$AB=c$，$BC=a$，$BE=d$。求BF。

2. 在$\triangle ABC$中，已知$\angle A$和a。又BC边上的中线AD是AB、AC的比例中项。试求AD的长和$\sin\angle ADC$。

3. $ABCD$为等腰梯形。$\odot O$与梯形的上底及两腰相切。已知梯形的高为5，下底为4，$\odot O$的半径为1。求梯形的腰与下底夹角的余弦。

4. 在$\triangle ABC$三边上分别取点D、E、F，使$BD=2CD$、$CE=2AE$，$AF=2FB$，连接AD、BE、CF分别交于P、Q、R三点，求证：

$$S_{\triangle PRQ}=\frac{1}{7}S_{\triangle ABC}。$$

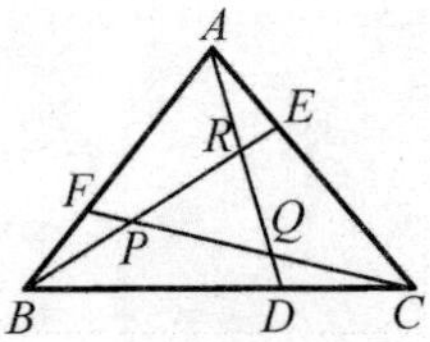

第4题图

5. 在上题中，设$BD=\lambda CD$，$CE=\mu AE$，$AF=\rho BF$，求证：

$$S_{\triangle PQR}=\frac{(1-\lambda\mu\rho)^2 S_{\triangle ABC}}{(1+\mu+\lambda\mu)(1+\rho+\mu\rho)(1+\lambda+\lambda\rho)}。$$

6. 在矩形$ABCD$中，对角线BD的延长线上取一点P。已知$\tan\angle APC=0.6$，$AB=1$，$AD=2$，求PD。

7. 梯形对角线AC与BD相交于O点，AB是梯形的一腰。如果$\triangle AOD$和$\triangle BOC$的面积分别为p^2、q^2，求梯形的面积。

8. 求$\triangle ABC$的旁心到外心的距离。

第十二章

面积关系与几何不等式

前面所举的例子，还没涉及几何不等式。但是，对几何不等式的研究，近代已引起人们的广泛兴趣；谈到几何证题而忽略了几何不等式，会使人感到不满足。这两章专门来谈面积关系在证明几何不等式时的运用。

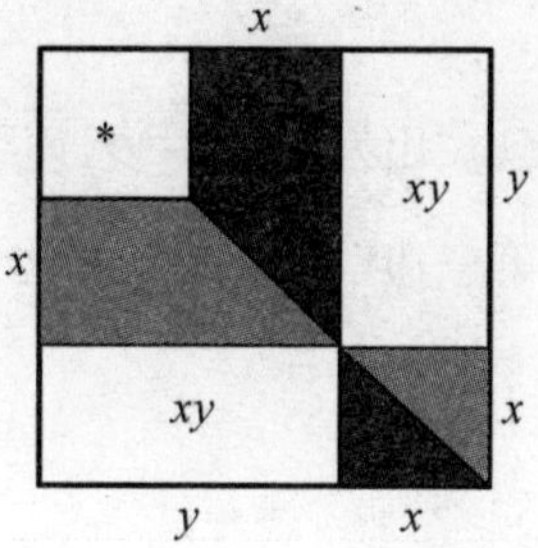

图 12-1

几何不等式五花八门，变化繁多。但究其根源，都是从最基本的代数不等式和最基本的几何不等式推演而得。

最基本的代数不等式是 $x^2 \geqslant 0$，等号当且仅当 $x=0$ 时成立，其几何意义可理解为“边长不为 0 的正方形其面积恒为正”。从这个不等式向前再走一步，便得到平均不等式的一种形式：

$$x^2+y^2 \geqslant 2xy。$$

众所周知，这个不等式可以用面积关系说明，如图 12-1 所示，阴影部分面积恰为 $2xy$，所以 x^2+y^2 比 $2xy$ 多出了正方形 * 之面积。

另一方面，最基本的几何不等式是：“在任意三角形中，大边对大角，大角对大边。”这个事实也容易从面积关系导出。事实上，由三角形面积公式得

$$\frac{1}{2}ab\sin C=\frac{1}{2}ac\sin B,$$

约去$\frac{a}{2}$，得 $b\sin C=c\sin B$。当 $b>c$ 时，$\sin B>\sin C$，反之亦成立。

但是，$\sin B>\sin C$ 和 $B>C$ 是不是等价的呢？容易用面积包含关系证明。

〔例 1〕 如果 $\alpha>0,\beta>0,\alpha+\beta<\pi$，那么不等式 $\alpha>\beta$ 和 $\sin\alpha>\sin\beta$ 等价。

证明 如图 12-2，作顶角 $A=\alpha-\beta$ 的等腰$\triangle ABC$，在 CB 的延长线上取一点 D，使$\angle DAB=\beta$。（为什么可能？）那么显然有

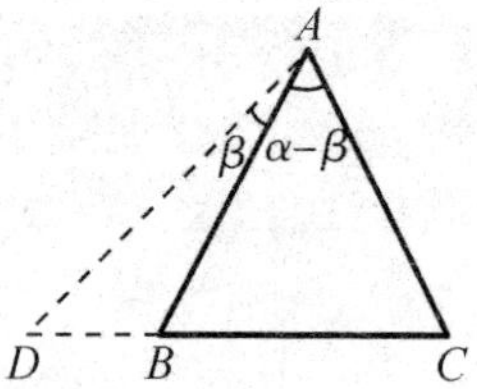

图 12-2

$$S_{\triangle ADC}>S_{\triangle ADB},$$

即
$$\frac{1}{2}AD\cdot AC\sin\alpha>\frac{1}{2}AD\cdot AB\sin\beta,$$

由 $AB=AC$，即得 $\sin\alpha>\sin\beta$。又因当 $\alpha=\beta$ 时，$\sin\alpha=\sin\beta$，所以可知当 $\sin\alpha>\sin\beta$ 时，必有 $\alpha>\beta$。

请读者注意：$\alpha+\beta<\pi$ 这个条件不可少。并请想一想：在证明过程中，什么地方用到了条件 $\alpha+\beta<\pi$？

从最基本的几何不等式“三角形中大边对大角、大角对大边”出发再走一步，便得到另一个简单而又用途广泛的命题“三角形两边之和大于第三边”。这个命题也可以由其他途径得到。例如，由余弦定理，得

$$a^2=b^2+c^2-abc\cos A<b^2+c^2+2bc=(b+c)^2,$$

∴
$$a<b+c。$$

或者，用正弦定理，易知 $a<b+c$ 等价于

$$\sin A<\sin B+\sin C$$

因为

$$\sin A=\sin(B+C)=\sin B\cos C+\cos B\sin C<\sin B+\sin C,$$

从而可证得所要的不等式。

但是，在前面已经指出，正弦定理、和角公式、余弦定理都可以从面积关系导出，由此可见，基本的代数、几何、三角不等式，都是和面积关系相通的。因此，当我们看到许多其他的几何不等式可以利用面积关系加以证明时，就不应当惊奇了。

应用面积关系证明不等式，大体上有两类方法：

1. 面积模型法：把所要证的不等式的两端用两块面积表示，然后用割补法或面积包含关系证明一块比另一块大。如对不等式 $x^2+y^2\geqslant 2xy$ 的说明及例题 1，都用了面积模型法。

2. 等式转化法：先利用面积关系导出一些等式，从这些等式出发，或者放大、缩小某一端，或者和某些已知的不等式配合，以导出所要的不等式。

例如，前面用余弦定理证明“三角形两边之和大于第三边”，便是“等式转化法”的简单例子。绝大多数不等式可由等式转化而证得。用面积模型法证明的，一般都是一些简单的几何不等式，请看下面两例。

〔**例** 2〕 如果 $\frac{\pi}{2}>x_1.x_2>0$，求证：

$$\frac{\tan x_1}{x_1}>\frac{\tan x_2}{x_2}。$$

证明 作直角三角形 OAC 使 $A=90^\circ$，$\angle COA=x_1$，在 AC 上取 B 点，使 $\angle BOA=x_2$。过 B 作以 O 为圆心的圆弧及 OC 于 D、交 OA 的延长线于 E(图 12-3)。于是

$$\frac{\tan x_1}{\tan x_2}=\frac{S_{\triangle OAC}}{S_{\triangle OAB}}=1+\frac{S_{\triangle OBC}}{S_{\triangle OAB}}$$

$$>1+\frac{\text{扇形 } OBD \text{ 面积}}{\text{扇形 } OEB \text{ 面积}}$$

$$=1+\frac{x_1-x_2}{x_2}=\frac{x_1}{x_2}。$$

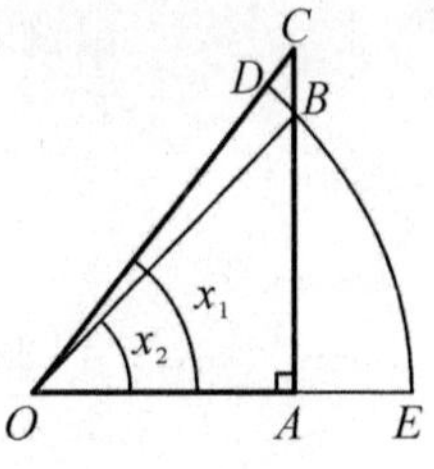

图 12-3

〔**例** 3〕 在 $\triangle ABC$ 内任取一点 P。连接 AP、BP、CP 分别交对边于 A'、B'、C'。那么在比值 $\frac{AP}{PA'}$、$\frac{BP}{PB'}$、$\frac{CP}{PC'}$ 中，必有不大于 2 者，也必有不小于 2 者。(图 12-4)

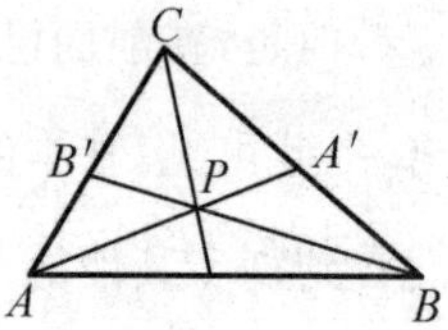

图 12-4

证明 不妨设

$$S_{\triangle PAB} \leqslant S_{\triangle PBC} \leqslant S_{\triangle PCA},$$

那么

$$S_{\triangle PAB} \leqslant \frac{1}{3} S_{\triangle ABC}, S_{\triangle PCA} \geqslant \frac{1}{3} S_{\triangle ABC}。$$

∴ $$\frac{PC'}{CC'} = \frac{S_{\triangle PAB}}{S_{\triangle ABC}} \leqslant \frac{1}{3},$$

即 $PC' \leqslant \frac{1}{3} CC'$，从而 $PC \geqslant \frac{2}{3} CC'$，

∴ $$\frac{CP}{PC'} \geqslant 2。$$

同样，$\frac{PB'}{BB'} = \frac{S_{\triangle PCA}}{S_{\triangle ABC}} \geqslant \frac{1}{3}$，即 $PB' \geqslant \frac{1}{3} BB'$，从而 $PB \leqslant \frac{2}{3} BB'$，所以$\frac{BP}{PB'} \leqslant 2$。

以上两题，证起来似乎很轻松。但却都是国外的中学生数学竞赛试题呢。应用面积模型，还可以毫不费力地证明不等式：

$$\sin x < x < \tan x \left(0 < x < \frac{\pi}{2}\right)$$

这只要分析一下图 12-5 就可证实了。图中$\overset{\frown}{AC}$是以 O 为心，半径为 1 的弧，

$$S_{\triangle OAC} = \frac{1}{2} \sin x,$$

$$扇形 OAC 面积 = \frac{1}{2} x,$$

$$S_{\triangle OAB} = \frac{1}{2} \tan x。$$

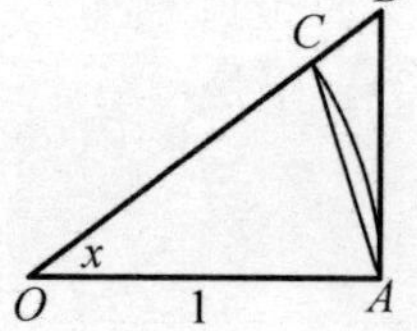

图 12-5

这个不等式，是微积分学中一个重要的极限式

$$\lim_{x \to 0} \frac{\sin x}{x} = 1$$

的来源[①]。

用等式转化法，证明不等式是比较灵活的。

〔例 4〕 设△ABC 三边为 a、b、c，角平分线为 p、q、r，求证：$pqr\leqslant\frac{3\sqrt{3}}{8}abc$。

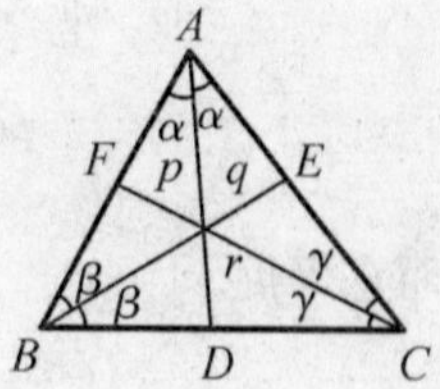

图 12-6

证明 如图 12-6 所示，

$$p=AD,q=BE,r=CF;$$

由于

$$S_{\triangle ABC}=S_{\triangle ABD}+S_{\triangle ACD},$$

∴ $$\frac{1}{2}bc\sin 2\alpha=\frac{1}{2}cp\sin\alpha+\frac{1}{2}bp\sin\alpha$$

整理，得 $$2bc\cos\alpha=p(b+c)。$$

同理，得 $$2ac\cos\beta=q(a+c),$$

$$2ab\cos\gamma=r(a+b)。$$

三式相乘，得

$$8(abc)^2\cos\alpha\cos\beta\cos\gamma=pqr(a+b)(b+c)(c+a), \quad (1)$$

再利用平均不等式

$$a+b\geqslant 2\sqrt{ab},b+c\geqslant 2\sqrt{bc},c+a\geqslant 2\sqrt{ac},$$

将(1)式转化为

$$\begin{aligned}pqr&\leqslant abc\cos\alpha\cos\beta\cos\gamma\\&\leqslant abc\left(\frac{\cos\alpha+\cos\beta+\cos\gamma}{3}\right)^3\\&\leqslant abc\cos^3\left(\frac{\alpha+\beta+\gamma}{3}\right)=\frac{3\sqrt{3}}{8}abc。\end{aligned}$$

---

① 由 $\sin x<x$，得 $\frac{\sin x}{x}<1$；由 $x<\tan x$，得 $\cos x<\frac{\sin x}{x}$，即当 $0<x<\frac{x}{2}$ 时，$\cos x<\frac{\sin x}{x}<1$，令 $x\to 0$，$\cos x\to 1$，即得 $\frac{\sin x}{x}\to 1$。

以上证明的最后一步,用到不等式

$$\frac{\cos\alpha+\cos\beta+\cos\gamma}{3}\leqslant\cos\frac{\alpha+\beta+\gamma}{3},$$

$$\left(0\leqslant\alpha\leqslant\frac{\pi}{2},0\leqslant\beta\leqslant\frac{\pi}{2},0\leqslant\gamma\leqslant\frac{\pi}{2},\alpha+\beta+\gamma\geqslant\frac{\pi}{2}\right)$$

而它等价于

$$\frac{\sin\lambda+\sin\mu+\sin\rho}{3}\leqslant\sin\frac{\lambda+\mu+\rho}{3}。$$

$$(\lambda\geqslant0,\mu\geqslant0,\rho\geqslant0,\lambda+\mu+\rho\leqslant\pi)$$

这个不等式用面积模型来证明并不难,事实上,我们有更为一般的结论,即:

〔例 5〕 如果 $A>0,B>0,A+B\leqslant\pi$,又有 $A^*+B^*=A+B$,而且 $A\geqslant A^*\geqslant B^*\geqslant B$,那么必有

$$\sin A+\sin B\leqslant\sin A^*+\sin B^*。$$

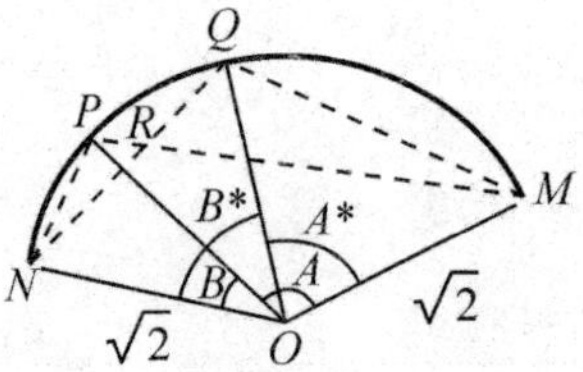

图 12-7

证明 在以 O 为圆心,以$\sqrt{2}$为半径的圆上,取 M、N、P、Q 四点(图 12-7),并使

$$\angle MOQ=A^*,\angle QON=B^*,$$

$$\angle MOP=A,\angle PON=B。$$

显然有

$$\begin{aligned}\sin A^*+\sin B^*&=S_{\triangle MOQ}+S_{\triangle QON}\\&=S_{\triangle MOP}+S_{\triangle PON}+S_{\triangle MQR}-S_{\triangle NPR}\\&=\sin A+\sin B+(S_{\triangle MQR}-S_{\triangle NPR})。\end{aligned}$$

由于$\triangle MQR\sim\triangle NPR$,而且 $A^*\geqslant B$,所以 $MQ\geqslant NP$,从而可得 $S_{\triangle MQR}-S_{\triangle NPR}\geqslant0$(等号当且仅当 P、Q 重合,即 $A^*=A$ 时成立)。于是

$$\sin A^*+\sin B^*>\sin A+\sin B,$$

等号仅当 A、B 和 A^*、B^* 一致时成立。

在上述证明中可以看到,当 $A^*=B^*=\frac{A+B}{2}$时,有

$$\frac{1}{2}(\sin A+\sin B)\leqslant\sin\frac{A+B}{2}。$$

连用这个命题$(n-1)$次，可得到很有用的三角不等式

$$\frac{1}{n}(\sin\alpha_1+\cdots+\sin\alpha_n)\leqslant\sin\frac{1}{n}(\alpha_1+\cdots+a_n)。$$

$$(\alpha_i\geqslant 0;\alpha_1+\alpha_2+\cdots+\alpha_n\leqslant\pi)$$

下面的例，是1979年美国数学奥林匹克赛题，用面积关系来证，相当容易。

〔**例**6〕 在$\angle A$内有一定点P，过P作直线交两边于B、C，问$\left(\frac{1}{PB}+\frac{1}{PC}\right)$何时取得最大值？

解 如图12-8，令

$$\angle PAB=\alpha,\angle PAC=\beta,$$

在BC上取D使$AD\perp BC$，设$AD=h$，并用$S_{\triangle_1}$、$S_{\triangle_2}$分别表示$\triangle ABP$、$\triangle ACP$的面积，根据面积公式有

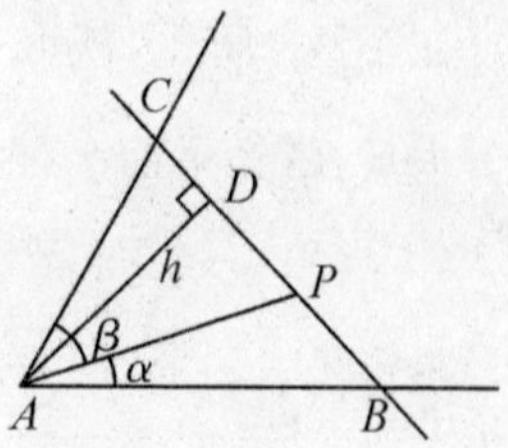

图12-8

$$\begin{aligned}\frac{1}{PC}+\frac{1}{PB}&=\frac{h}{2}\left(\frac{1}{S_{\triangle_1}}+\frac{1}{S_{\triangle_2}}\right)=\frac{h}{2}\cdot\frac{S_{\triangle ABC}}{S_{\triangle_1}S_{\triangle_2}}\\&=\frac{h}{2}\cdot\frac{2AB\cdot AC\cdot\sin(\alpha+\beta)}{AB\cdot AC\cdot AP^2\sin\alpha\cdot\sin\beta}\\&=h\cdot\frac{\sin(\alpha+\beta)}{AP^2\sin\alpha\cdot\sin\beta}\\&\leqslant\frac{\sin(\alpha+\beta)}{AP\sin\alpha\cdot\sin\beta}。\end{aligned}$$

上式右边为常数，所以，当$h=AP$，即$BC\perp AP$时，$\frac{1}{PC}+\frac{1}{PB}$取得最大值。

另外，关于面积的一些不等式的证明离不开面积关系，限于篇幅，此处从略。有兴趣的读者可参看单墫著《几何不等式》、蔡宗熹著《等周问题》等。

练习题十一

1. 已知点 G 是 $\triangle ABC$ 的重心，过 G 点作直线分别交三角形的边 AB、AC 于 E、F。求证：$EG\leqslant 2GF$。

2. 求证：如果四面体的各个二面角都为锐角，那么这六个二面角的余弦的几何平均值不超过 $\frac{1}{3}$。

3. (1) 如果锐角 α、β、γ 的和为 $90°$。求证：$\sin\alpha+\sin\beta+\sin\gamma\geqslant 1$。

   (2) 如果锐角 α、β、γ 满足 $\alpha+\beta-\gamma=90°$. 求证：$\sin\alpha+\sin\beta-\sin\gamma\geqslant 1$。

4. 在正 $\triangle ABC$ 内任取一点 P，自 P 向 $\triangle ABC$ 三边作垂线 PD、PE、PF，D、E、F 为垂足，Q 为平面上任一点。求证：

$$QD+QE+QF\geqslant PD+PE+PF,$$

   等号当且仅当 P、Q 重合时成立。

5. $\triangle ABC$ 是正三角形，P 为平面上任一点，求证：$PA+PB\geqslant PC$，在什么情况下等式成立？

6. 凸四边形 $ABCD$ 对角线 AC、BD 相交于 O，如果 $S_{\triangle ADO}\geqslant S$，$S_{\triangle BCO}\geqslant S$，求证：$S_{\triangle ABO}+S_{\triangle CDO}\geqslant 2S$。

7. 在凸四边形 $ABCD$ 中，求证：

$$\frac{AB+CD}{2}\cdot\frac{BC+AD}{2}\geqslant\frac{1}{2}AC\cdot BD。$$

8. 求证：对任意 $\triangle ABC$ 有 $a^2+b^2+c^2\geqslant 4\sqrt{3}\cdot S_{\triangle ABC}$。

9. 在 $\triangle ABC$ 内任取一点 P，由 P 向三边作垂线，垂线的长为 p、q、r；又点 P 到三顶点的距离为 x、y、z。求证：

   (1) $pqr\leqslant\frac{1}{8}xyz$；

   (2) $pqr\leqslant\frac{\sqrt{3}}{72}abc$。

10. 已知 $a_1 \geqslant a_2 \geqslant \cdots \geqslant a_n$；$a_1+a_2+\cdots+a_n=300$；而 $a_1^2+a_2^2+\cdots+a_n^2 \geqslant 10000$。求证：$a_1+a_2+a_3>100$。

11. $\triangle ABC$ 外接圆半径为 R，内切圆半径为 r。求证：

$$2r \leqslant R\text{，或 } r \leqslant \frac{2}{3}(\sin A \cdot \sin B \cdot \sin C)^{\frac{2}{3}} R\text{。}$$

12. $\triangle ABC$ 外接圆半径为 R，求证：$a^2+b^2+c^2 \leqslant 9R^2$。

第十三章

几个著名定理的面积证法

这一章，我们来证明三个与不等式有关的著名定理。有趣的是，这三个定理在证明过程中都用到了面积关系。

第一个与斯坦纳(Steiner)问题有关。所谓斯坦纳问题是这样的：有 A、B、C 三个村庄，各村庄的小学生人数分别为 a、b、c，把学校建在什么地方，才能使所有学生所走的路程总和最短？即：给了平面上三个点，如何在三点所在的平面上选取点 P，使 $aPA+bPB+cPC$ 取得最小值？

容易证明，P 点在$\triangle ABC$ 的外部是一定不行的。下面的定理告诉我们，应当如何在$\triangle ABC$ 之内选择点 P。

〔例 1〕 **斯坦纳(Steiner)定理** 设点 M 是$\triangle ABC$ 内一点，使

$$\frac{\sin\angle BMC}{a}=\frac{\sin\angle CMA}{b}=\frac{\sin\angle AMB}{c},$$

又设 P 为$\triangle ABC$ 内任一点。求证：

$$aPA+bPB+cPC\geqslant aMA+bMB+cMC。$$

其等号仅当 P 与 M 重合时成立。

证明 如图 13-1,过 A、B、C 分别作 MA、MB、MC 之垂线。设三垂线构成了三角形 DEF,那么 $\sin D=\sin\angle BMC$,$\sin E=\sin\angle CMA$,$\sin F=\sin\angle AMB$。由正弦定理和题设的比例式,得

$$\frac{EF}{a}=\frac{DF}{b}=\frac{DE}{c}=k。(k>0)$$

由面积公式,得

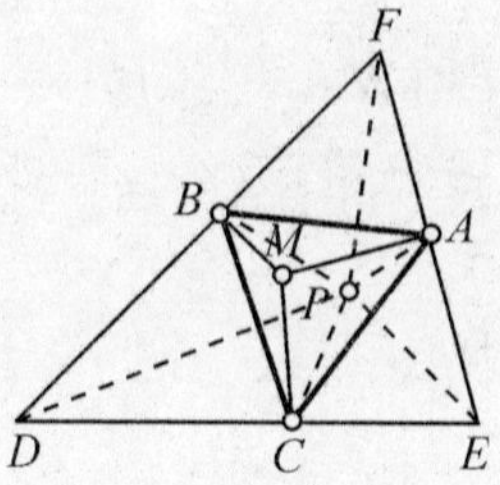

图 13-1

$$\begin{aligned}S_{\triangle DEF}&=S_{\triangle FME}+S_{\triangle FMD}+S_{\triangle DME}\\&=\frac{1}{2}(EF\cdot MA+FD\cdot MB+DE\cdot MC)\\&=\frac{k}{2}(a\cdot MA+b\cdot MB+c\cdot MC)。\end{aligned}$$

另一方面有

$$\begin{aligned}&\frac{k}{2}(a\cdot PA+b\cdot PB+c\cdot PC)\\&=\frac{1}{2}(EF\cdot PA+FD\cdot PB+DE\cdot PC)\\&\geqslant S_{\triangle PEF}+S_{\triangle PDF}+S_{\triangle PDE}=S_{\triangle DEF}。\end{aligned}$$

∴

$$\begin{aligned}&\frac{k}{2}(a\cdot PA+b\cdot PB+c\cdot PC)\\&\geqslant\frac{k}{2}(a\cdot MA+b\cdot MB+c\cdot MC)。\end{aligned}$$

想要等号成立,显然,必须有 $EF\perp PA$、$FD\perp PB$、$DE\perp PC$ 同时成立,也就是 P 点与 M 点必须重合。

读者容易发现,假设 P 点在$\triangle ABC$ 内的条件是多余的。也就是说:P 是平面

上任意一点时，所证的不等式仍然成立。不过要细致地进行讨论。

另外，满足题设条件的 M 是否一定在 $\triangle ABC$ 内存在呢？显然不见得。因为，如果这样的 M 存在，一定有一个非退化三角形，它的三边分别为 a、b、c。这样 a、b、c 三个数中任一个必须小于另外两个之和。如果不然，例如：$a \geqslant b+c$，这时，它的解就是把学校设在学生最多的那个村庄。想一想，为什么？

另外，即使存在 $\triangle DEF$，使它的三边分别与 a、b、c 成比例，显然还应当有

$$\angle AMB > \angle ACB, \angle CMA > \angle CBA, \angle BMC > \angle BAC;$$

也就是说，$\triangle DEF$ 的三个角 D、E、F 和 $\triangle ABC$ 的三个角 A、B、C 之间还应当有（位置如图 13-1）

$$E+F>A, D+F>B, D+E>C。$$

如果不然，当 $E+F \leqslant A$ 时，学校应设在 A 处，等等。这些，这里不再细细讨论了。

取 $a=b=c$ 的特例，所得的 M 点显然应当满足 $\angle AMB=\angle BMC=\angle CMA=120°$。这样的点 M 到 A、B、C 三点距离之和最小，M 叫做 $\triangle ABC$ 的费马点。有趣的是：如果分别在 $\triangle ABC$ 三边上向外作正三角形 $\triangle BCL$、$\triangle CAM$、$\triangle ABN$，则 LA、MB、NC 三直线恰好交于 $\triangle ABC$ 的费马点 M。这一点，请读者参考练习题九第 10 题自己加以思考。①

〔例 2〕 光线由 A 到 B，在介质分界面 l 上折射。设 C 为 l 上一点，直线 AC、BC 与 l 所夹锐角分别为 θ_1、θ_2，又设 C' 是 l 上另一点。求证：当 v_1、v_2（光线在两种不同介质中的速度）满足

$$v_1 : v_2 = \cos\theta_1 : \cos\theta_2$$

时，必有

$$\frac{AC'}{v_1}+\frac{BC'}{v_2}>\frac{AC}{v_1}+\frac{BC}{v_2}。$$

所要证的不等式的物理意义是：光线按折射定律运行时，所费时间最少。因

① 关于这种特例的另一种证法可参看《大陆地区数学竞赛题解》（九章出版社）第 148 页，1978 年高中数学竞赛第 5 题（陕西省供题）之题解。

而,如果我们承认了费马(Fermat)的光行最速原理,由这一数学命题,便可推出光的折射律。

有趣的是:这个数学命题的提出,虽然已有 300 多年了。但直到近代,还有好几位数学家,认为用初等几何或初等三角方法(即不用微积分)来证明它是很困难的。其实不然,人们后来发现这个命题的初等证法相当多,而且最早可追溯到 1690 年惠更斯(Huygens)的证法。有兴趣的读者可参看《初等数学论文》(3)中铁铮的文章。下面提供一个应用面积关系的证法。

证明 设 B^* 是 B 点关于 l 的对称点(图 13-2)。

$B^*C=BC,B^*C'=BC'$。

过 A、B^* 分别作 CA、CB^* 的垂线,顺次交 l 于 E、D;两直线交于 F。在$\triangle DEF$ 中,

$EF\cdot C'A+DF\cdot C'B^*>2(S_{\triangle C'EF}+S_{\triangle C'DF})$

$=2S_{\triangle DEF}=2(S_{\triangle CEF}+S_{\triangle CDF})$

$=EF\cdot CA+DF\cdot CB^*$。

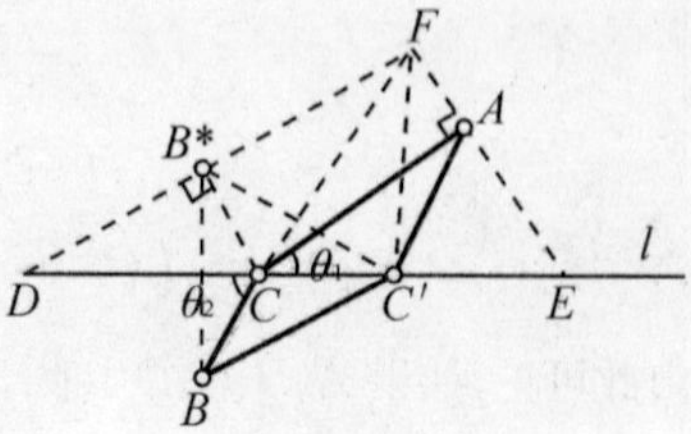

图 13-2

由正弦定理,得

$$\frac{EF}{DF}=\frac{\sin\angle FDE}{\sin\angle FED}=\frac{\cos\theta_2}{\cos\theta_1}=\frac{v_2}{v_1},$$

∴ $$v_2\cdot AC'+v_1\cdot B^*C'>v_2\cdot AC+v_1\cdot B^*C。$$

两端除以 v_1v_2,并以 BC'、BC 代替 B^*C'、B^*C,即得所要证的不等式。

第三个例子,是托勒密不等式。

〔**例** 3〕 如图 13-3,设 $ABCD$ 是凸四边形,求证:

$$AC\cdot BD\leqslant AB\cdot CD+AD\cdot BC,$$

等号当且仅当 A、B、C、D 共圆时成立。

证明 等式成立的情形,我们在第八章已证明过了,这里,我们用面积关系再给出一个证明。

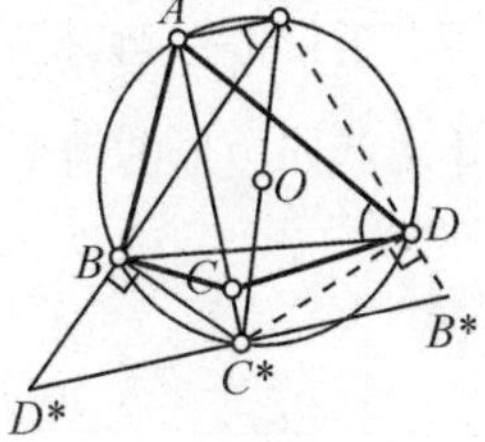

图 13-3

作$\triangle ABD$ 的外接圆$\odot O$,不妨设 C 不在圆外(否则可换

作$\triangle ABC$的外接圆，D不在圆外）。连接AC，并延长交$\overset{\frown}{BD}$于C^*。过C^*作直径A^*C^*，作直线A^*B、A^*D，又过C^*作直线平行于AA^*分别交直线A^*B、A^*D于D^*、B^*。于是

$$\angle BAD=\angle B^*A^*D^*,\angle D^*=\angle AA^*B=\angle ADB,$$

∴ $$S_{\triangle ABD}\sim S_{\triangle A^*B^*D^*}。$$

$$A^*B^*=kAB,A^*D^*=kAD,B^*D^*=kBD,$$

而且AC^*等于$\triangle A^*B^*D^*$在B^*D^*上的高。因而

$$\begin{aligned}&BC^*\cdot A^*D^*+DC^*\cdot A^*B^*\\&=2(S_{\triangle A^*C^*D^*}+S_{\triangle A^*C^*B^*})\\&=2S_{\triangle A^*B^*D^*}=AC^*\cdot B^*D^*。\end{aligned}$$

∴ $$BC^*\cdot AD+DC^*\cdot AB=AC^*\cdot BD。$$

由此可见，如果A、B、C、D共圆，即C与C^*重合时，所要证的不等式等号成立。

如果C与C^*不重合，那么BC、DC不都垂直于A^*D^*、A^*B^*，因而

$$\begin{aligned}&BC\cdot A^*D^*+CD\cdot A^*B^*+CC^*\cdot B^*D^*\\&>2(S_{\triangle A^*D^*C}+S_{\triangle A^*B^*C}+S_{\triangle B^*D^*C})\\&=2S_{\triangle A^*B^*D^*}=AC^*\cdot B^*D^*。\end{aligned}$$

∴ $$\begin{aligned}&BC\cdot A^*D^*+CD\cdot A^*B^*\\&>(AC^*-CC^*)\cdot B^*D^*\\&=AC\cdot B^*D^*。\end{aligned}$$

再以$A^*B^*=kAB$等代入，即得所要证的不等式；当A、B、C、D共圆时，等号成立。

附带提一句，托勒密不等式对任意四边形也成立。其他情形，略加讨论，就可化为凸四边形的情形，这里从略。

第十四章

带号面积和面积坐标

前面提到的面积，都是正的，但如果引进了带负号的面积，有时更为方便。

按通常的约定，一个简单多边形的面积的正负，依照所规定的边“走向”而定：如果指定边界走向为逆时针方向，那么面积为正；如果边界走向为顺时针方向，那么面积为负。至于边界的走向，可以在图上用箭头表示，也可以用顶点的排列顺序表明(图 14-1)。

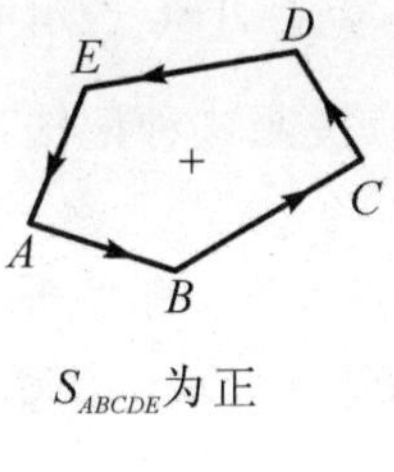

S_{ABCDE}为正

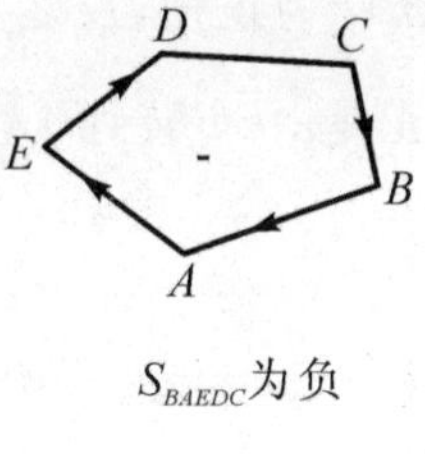

S_{BAEDC}为负

图 14-1

以后，为了区别带号与不带号面积，我们在表示面积的符号上划一横线，以表示带号面积。如

$$\overline{S}_{ABCD}=-\overline{S}_{DCBA},$$

$$\overline{S}_{\triangle ABC}=-\overline{S}_{\triangle BAC},$$

等等。

采用带号面积，可以更为简洁地表达一些几何事实。例如，凸四边形 $ABCD$ 的面积，等于$\triangle ABD$ 与$\triangle BCD$ 面积的和，可表达为 $S_{ABCD}=S_{\triangle ABD}+S_{\triangle BCD}$；如果 C 点在$\triangle ABD$ 的内部，那么四边形 $ABCD$ 的面积可表达为

$$S_{ABCD}=S_{\triangle ABD}-S_{\triangle BCD}。$$

如果采用带号面积的记法，就可以统一表达为

$$\overline{S}_{ABCD}=\overline{S}_{\triangle ABD}+\overline{S}_{\triangle BCD}。$$

读者自己可检验如图 14-2 所示的四边形，不论 $ABCD$ 是顺时针还是逆时针旋转，这个关系总是成立的。有趣的是，两个三角形相合并时，公共边界上的走向彼此相反。把这条走向相反的边“抵消”后，剩下的恰是所拼得的图形。

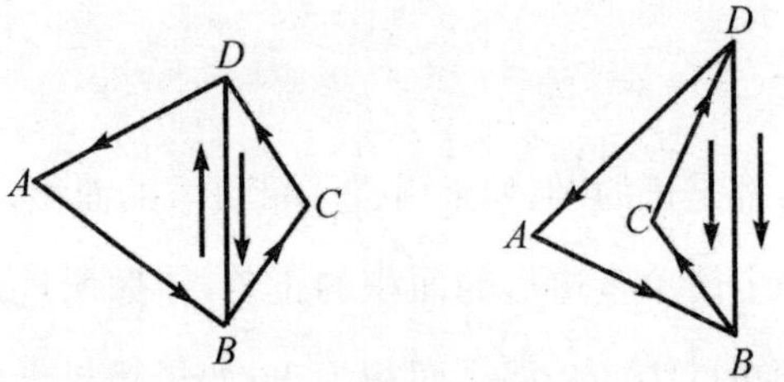

图 14-2

类似地，引进“有向角”的概念。约定，如果 $\overline{S}_{\triangle ABC}$ 的顶点 $A-B-C$ 按逆时针方向旋转，那么$\angle ABC$ 为正角，反之为负角，并用记号$\measuredangle ABC$表示有向角。显然，$\measuredangle ABC$所表示的正是由$\overline{BC}$转到$\overline{BA}$所转过的角度。按照这种记法，三角形带号面积公式为

$$\overline{S}_{\triangle ABC}=\frac{1}{2}bc\sin\measuredangle CAB=\frac{1}{2}ac\sin\measuredangle ABC=\frac{1}{2}ab\sin\measuredangle BCA。$$

而四边形带号面积公式为

$$\overline{S}_{ABCD}=\frac{1}{2}AC\cdot BD\sin(\overline{AC}\ \hat{,}\ \overline{BD})。$$

这里 $\overline{AC}\ \hat{,}\ \overline{BD}$ 表示由$\overline{AC}$到$\overline{BD}$所转过的角。这样的公式，把各种情形都统一起来了。即使在 AB 和 CD 相交时，它仍有意义，这时 $\overline{S}_{ABCD}$ 表示的是 $ABCD$ 由于边自交

而形成的两块面积的代数和(如图 14-3)。这一点,请读者自己检验。

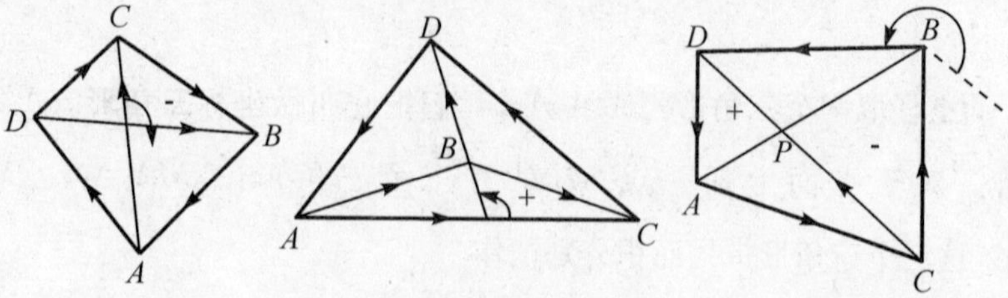

$\overline{S}_{ABCD}<0$　　$\overline{S}_{ABCD}>0$　　$\overline{S}_{ABCD}=\overline{S}_{APD}+\overline{S}_{PBC}$

图 14-3

当把三角形面积比化为线段比时,可以相应地采用有向线段和带号比值。这样,在第六章里讲过的比例定理对于带号面积的比依然成立。即

比例定理　如果直线 PQ 交直线 AB 与 M,那么

$$\frac{\overline{S}_{\triangle PAB}}{\overline{S}_{\triangle QAB}}=\frac{\overline{PM}}{\overline{QM}}。$$

式中的正、负号,留给读者自己验证。

关于张角关系,一般表述如下:

张角关系　由 P 点发出的三射线 PA、PB、PC,A、B、C 三点共线的充要条件是

$$\frac{\sin\measuredangle APB}{PC}=\frac{\sin\measuredangle CPB}{PA}=\frac{\sin\measuredangle APC}{PB}。$$

或者写成

$$\frac{\sin\measuredangle BPC}{PA}+\frac{\sin\measuredangle CPA}{PB}+\frac{\sin\measuredangle APB}{PC}=0。$$

这样,在已知条件中就不必加上“点 C 在 AB 上”之类的说明了。

我们用带号面积、有向角、带号比值叙述面积公式、张角关系、比例定理这些基本命题之后,就可以使过去证明过的许多结论变得应用更为广泛,证明更为简洁。例如,正弦加法定理和正弦减法定理便可以统一起来。第八章例 1 中的 P 点可取在$\triangle ABC$ 的外部(但结论用带号比值表示,三个比值之积为-1),第十章例 6 的证明也可不再分两种情形讨论,等等,读者不妨自己验证一下这些结论。

在带号面积的基础上，我们初步介绍一下“面积坐标”的概念、方法和基本公式。

在平面上任取一个三角形$\triangle A_1A_2A_3$，我们把它叫做**坐标三角形。**A_1、A_2、A_3 **叫做基点。**对于平面上任一点 M，就有三个三角形：$\triangle MA_2A_3$，$\triangle MA_3A_1$，$\triangle MA_1A_2$，这三个三角形带号面积分别记作

$$s_1=\overline{S}_{\triangle MA_2A_3},s_2=\overline{S}_{\triangle MA_3A_1},s_3=\overline{S}_{\triangle MA_1A_2},$$

那么把数组(s_1,s_2,s_3)称为 M 的**面积坐标**，记作

$$M=(s_1,s_2,s_3)。$$

显然，不同的点，它的坐标不会完全相同。但是，任给三个实数 x、y、z，这三个数不一定是某个点的面积坐标。因为容易验证

$$\overline{S}_{\triangle MA_2A_3}+\overline{S}_{\triangle MA_3A_1}+\overline{S}_{\triangle MA_1A_2}=\overline{S}_{\triangle A_1A_2A_3},$$

即，取定坐标三角形后，平面上任意一点，它的面积坐标的和恒等于坐标三角形的带号面积。并记作 $s=\overline{\triangle}A_1A_2A_3$. 如果 $s>0$，把这个坐标系叫做右手系；$s<0$，就叫做左手系。以下如果不加注明，所取的坐标系均为右手系。

容易看到，任给三个数 x、y、z，只要有

$$x+y+z=s,$$

那么(x,y,z)一定是平面上某点的面积坐标，由于这三个数中，有两个数是独立的，所以有时只要写出其中任意两个就可以，例如：$(a,b,*)$，$(3,*,2)$或$(*,\pi,7)$等(其中 $*$ 表示 s 减去另两个坐标的差)，都能表示某一个点。

另一种确定点 M 面积坐标(s_1,s_2,s_3)的方法是给出比值

$$s_1:s_2:s_3=\mu_1:\mu_2:\mu_3,$$

这时，点 M 的面积坐标可记作

$$M=(\mu_1:\mu_2:\mu_3)。$$

并把$(\mu_1:\mu_2:\mu_3)$叫做点 M 的**齐次面积坐标**，通常也叫做重心坐标。其物理意义是：如果给予 A_1、A_2、A_3 以质量 μ_1、μ_2、μ_3，那么质点 $A_1(\mu_1)$、$A_2(\mu_2)$、$A_3(\mu_3)$的重心恰在 M 处。重心坐标具有齐次性，即，对任意 $k\neq0$，$(\mu_1:\mu_2:\mu_3)$和$(k\mu_1:k\mu_2:k\mu_3)$代表

同一个点。

不难写出面积坐标与得心坐标之间的换算公式

$$\begin{cases} M=(s_1,s_2,*)=[ks_1:ks_2:k(s-s_1-s_2)], \\ M=(\mu_1:\mu_2:\mu_3)=\left(\dfrac{\mu_1 s}{\mu_1+\mu_2+\mu_3},\dfrac{\mu_2 s}{\mu_1+\mu_2+\mu_3},\dfrac{\mu_3 s}{\mu_1+\mu_2+\mu_3}\right)。\end{cases}$$

如果 $\mu_1+\mu_2+\mu_3=1$，那么$(\mu_1:\mu_2:\mu_3)$叫做**规范重心坐标。**

显然，A_1、A_2、A_3 的规范重心坐标分别是(1,0,0)、(0,1,0)、(0,0,1)；当 M 在 A_1A_2 上时，它的第三坐标 $\mu_3=0$，在 A_2A_3、A_3A_4 上时，分别有 μ_1、μ_2 为 0。

坐标三角形的三边 A_2A_3、A_3A_1、A_1A_2 把平面分成 7 个区域，各区域的规范重心坐标的正、负号如图 14-4 所示。

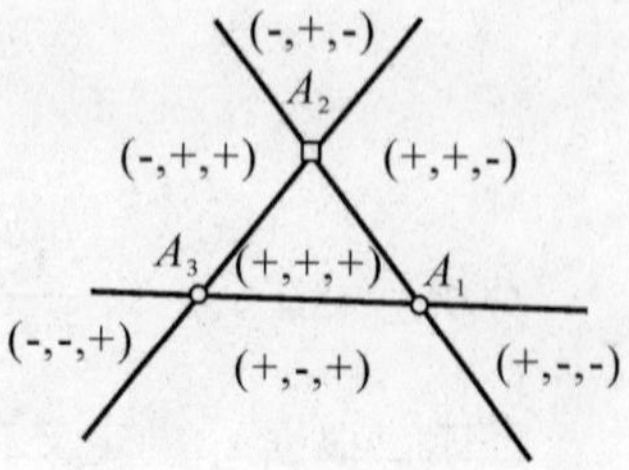

图 14-4

刚才已指出，只要知道了 M 的面积坐标中的任意两实数，便可以确定点 M 的位置。习惯上常常用两个固定的坐标，例如(s_1,s_2)与 s 的比来表示 M，即

$$M=\left(\frac{s_1}{s},\frac{s_2}{s}\right),$$

这时，$\left(\frac{s_1}{s},\frac{s_2}{s}\right)$叫做点 M 的**仿射坐标系**$\{A_3,\overline{A_3A_1},\overline{A_3A_2}\}$下的仿射坐标。类似地，$\left(\frac{s_2}{s},\frac{s_3}{s}\right)$、$\left(\frac{s_3}{s},\frac{s_1}{s}\right)$分别是点 M 在坐标系$\{A_1,\overline{A_1A_2},\overline{A_1A_3}\}$和$\{A_2,\overline{A_2A_3},\overline{A_2A_1}\}$下的仿射坐标。$A_3$、$A_1$、$A_2$ 分别叫做该坐标系的**原点。**

显然，如果点 M 在仿射会标系$\{A_3,\overline{A_3A_1},\overline{A_3A_2}\}$下的坐标为$(x,y)$，那么对应的面积坐标为$(sx,sy,*)$。

如果$|\overline{A_3A_1}|=|\overline{A_3A_2}|=1$，且$\overline{A_3A_1}\perp\overline{A_3A_2}$，则称仿射坐标系$\{A_3,\overline{A_3A_1},\overline{A_3A_2}\}$为**笛卡儿坐标系**，即通常惯用的直角坐标系。

这样，从面积出发，我们引入了面积坐标、重心坐标、仿射坐标和直角坐标，它们彼此间是互相联系的。如果在面积坐标系里推出一个公式或方程式，就可以变换成其他几种坐标系里的公式和方程式。

下面,我们分别导出面积坐标里的定比分点公式、直线方程、两点距离公式和三角形面积公式。

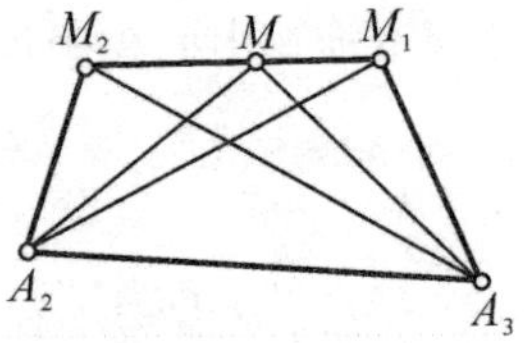

图 14-5

1. 定比分点公式　如图 14-5,如果点 M 在直线 M_1M_2 上,且

$$\overline{M_1M}:\overline{MM_2}=\lambda:1, M=(s_1, s_2, s_3),$$

$$M_i=(s_1^i, s_2^i, s_3^i)(i=1,2)$$

求证:

$$s_j=\frac{s_j^1+\lambda s_j^2}{1+\lambda}。(j=1,2,3) \qquad (1)$$

分析　要证 $s_j=\dfrac{s_j^1+\lambda s_j^2}{1+\lambda}$,只要验证 $s_1=\dfrac{s_j^1+\lambda s_j^2}{1+\lambda}$ 就可以了,s_2、s_3 可类似地证得。

证明　根据 s_1 的定义有

$$\begin{aligned} s_1^1-s_1 &=\overline{S}\triangle_{M_1A_2A_3}-\overline{S}\triangle_{MA_2A_3}=\overline{S}\triangle_{M_1MA_3}-\overline{S}\triangle_{M_1MA_2} \\ &=\lambda(\overline{S}\triangle_{MM_2A_3}-\overline{S}\triangle_{MM_2A_2}) \\ &=\lambda(\overline{S}\triangle_{MA_2A_3}-\overline{S}\triangle_{M_2A_2A_3}) \\ &=\lambda(s_1-s_1^2)。\end{aligned}$$

$$\therefore \qquad s_1=\frac{s_1^1+\lambda s_1^2}{1+\lambda}。$$

由此可推出仿射坐标、直角坐标以及规范重心坐标系里的类似公式。但必须注意:在一般重心坐标系里类似公式并不成立。因为每个点的坐标可乘以任意因子,这就破坏了定比组合性质。

2. 直线方程　从定比分点公式出发,设如前面一样的符号,那么它们的坐标必须满足下列方程组

$$\begin{cases}(1+\lambda)s_1-s_1^1-\lambda s_1^2=0, \\ (1+\lambda)s_2-s_2^1-\lambda s_2^2=0, \\ (1+\lambda)s_3-s_3^1-\lambda s_3^2=0。\end{cases}$$

消去参数λ，得

$$\begin{vmatrix} s_1 & s_1^1 & s_1^2 \\ s_2 & s_2^1 & s_2^2 \\ s_3 & s_3^1 & s_3^2 \end{vmatrix}=0。\tag{2}$$

这既是M、M_1、M_2三点共线的条件，也可以看成M的面积坐标(s_1,s_2,s_3)所满足的直线方程。

利用关系$s_1+s_2+s_3=s$，可从(2)式中消去一个坐标，化为

$$\begin{vmatrix} s_1 & s_1^1 & s_1^2 \\ s_2 & s_2^1 & s_2^2 \\ s & s & s \end{vmatrix}=0。$$

或更简单地，有

$$\begin{vmatrix} s_1 & s_1^1 & s_1^2 \\ s_2 & s_2^1 & s_2^2 \\ 1 & 1 & 1 \end{vmatrix}=0。\tag{3}$$

把(3)式的前两行除以s，即得仿射坐标系里直线M_1M_2的方程，或M、M_1、M_2三点共线条件。把(2)式的各列分别乘以三个非0常数因子k_1、k_2、k_3，即得在重心坐标系里的直线方程或共线条件

$$\begin{vmatrix} \mu_1 & \mu_1^1 & \mu_1^2 \\ \mu_2 & \mu_2^1 & \mu_2^2 \\ \mu_3 & \mu_3^1 & \mu_3^2 \end{vmatrix}=0。\tag{4}$$

也可以不从比分点公式出发，直接利用面积关系导出直线方程，分两种情形：

(1)如果l与坐标三角形某条边平行，例如$l /\!/ A_2A_3$，那么显然有，l上任意一点$M(s_1,s_2,s_3)$满足

$$s_1=\overline{S}_{\triangle M_0A_2A_3}=s_0。$$

这里M_0是l上某个固定的点。这个方程也可化为重心坐标形式。

$$\frac{s\mu_1}{\mu_1+\mu_2+\mu_3}=s_0,$$

即

$$(s-s_0)\mu_1-s_0\mu_2-s_0\mu_3=0。\tag{5}$$

(2)如果 l 不与任一条边平行，不妨设 l 交 A_3A_1、A_3A_2 于 P、Q，那么 l 上任一点 $M(s_1.\,s_s,s_3)$ 的坐标 s_1、s_2 应满足的方程可由图 14-6 所示的面积关系导出，即 $\overline{S}_{\triangle MQA_3}+\overline{S}_{\triangle MA_3P}=\overline{S}_{\triangle PQA_3}$，而

$$\frac{\overline{S}_{\triangle MQA_3}}{\overline{S}_{\triangle}MA_2A_3}=\frac{\overline{S}_{\triangle MQA_3}}{s_1}=\frac{\overline{A_3Q}}{A_3A_2},$$

$$\frac{\overline{S}_{\triangle MA_3P}}{\overline{S}_{\triangle MA_3A_1}}=\frac{\overline{S}_{\triangle MA_3P}}{s_2}=\frac{\overline{A_3P}}{A_3A_1},$$

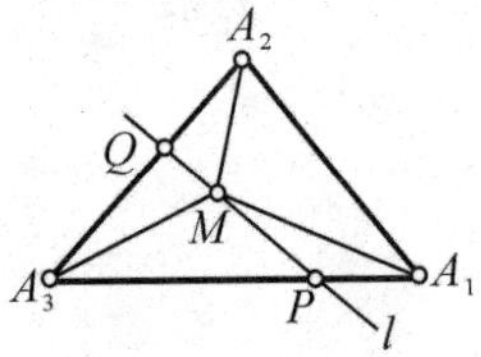

图 14-6

$$\therefore\quad \frac{\overline{A_3Q}}{A_3A_2}s_1+\frac{\overline{A_3P}}{A_3A_1}s_2=\overline{S}_{\triangle PQA_3}。\tag{6}$$

这仍是一个一次方程，因为$\frac{\overline{A_3Q}}{A_3A_2}$、$\frac{\overline{A_3P}}{A_3A_1}$、$\overline{S}\triangle_{PQA_3}$ 都是与 l 有关的常数。

利用 $s_i=\frac{s\mu_i}{\mu_1+\mu_2+\mu_3}$代换，又可把(6)式化为重心坐标系里的齐次一次方程。

(＊)重心坐标系里直线方程的系数的意义　我们已经知道，一次齐次方程

$$c_1\mu_1+c_2\mu_2+c_3\mu_3=0\tag{7}$$

表示重心坐标里的直线。那么，c_1、c_2、c_3 的几何意义又是什么呢?

设 A_1、A_2、A_3 到直线 l 的距离分别为 h_1、h_2、h_3，那么一定有

$$c_1:c_2:c_3=h_1:h_2:h_3。\tag{8}$$

这里，点到直线的距离是带有符号的。约定：如果 A_1、A_2 位于 l 的同侧，那么 h_1、h_2 同号，否则，h_1、h_2 异号。

如图 14-7，设直线 l 交 A_1A_2 于 P，则点 P 的坐标为$(\mu_1,\mu_2,0)$。因点 P 在直线 l 上，所以

$$c_1\mu_1+c_2\mu_2=0。$$

$$\therefore \qquad \frac{\overline{A_1Q_1}}{\overline{A_2Q_2}}=\frac{\overline{A_1P}}{\overline{A_2P}}=\frac{\overline{S}_{\triangle A_1PA_3}}{\overline{S}_{\triangle A_2PA_3}}=-\frac{\overline{S}_{\triangle PA_3A_1}}{\overline{S}_{\triangle PA_2A_3}}$$

$$=-\frac{\mu_2}{\mu_1}=\frac{c_1}{c_2}。$$

即 $$h_1:h_2=c_1:c_2,$$

同理可证 $$h_2:h_3=c_2:c_3。$$

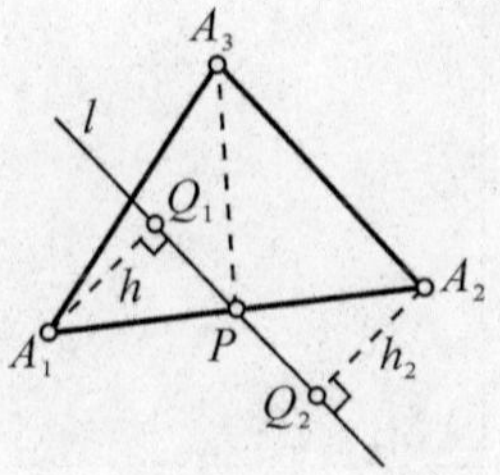

图 14-7

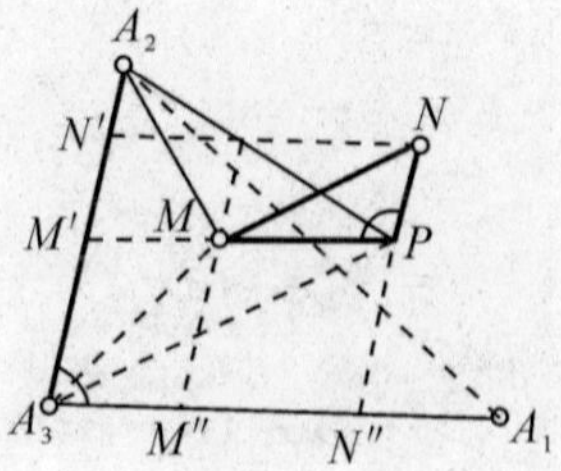

图 14-8

3. 两点之间距离的公式　如图 14-8，设 $M=(s_1. s_2,s_3)$，$N=(t_1,t_2,t_3)$。分别过 M、N 作 A_1A_3 的平行线交 A_3A_2 于 M'、N'，作 A_3A_2 的平行线交 A_1A_3 于 M''、N''，又设 MN' 与 NN'' 交于 P。

那么

$$\frac{\overline{MM^1}}{\overline{A_1A_3}}=\frac{\overline{S}_{\triangle MA_2A_3}}{\overline{S}_{\triangle A_1A_2A_3}}=\frac{s_1}{s},$$

$$\therefore \qquad \overline{MM^2}=\frac{s_1}{s}\overline{A_1A_3},$$

同理 $$\overline{PM^1}=\frac{t_1}{s}\overline{A_1A_3},$$

$$\therefore \qquad \overline{PM}=(t_1-s_1)\cdot\frac{\overline{A_1A_3}}{s},$$

同理 $$\overline{NP}=\frac{(t_2-s_2)}{s}\cdot\overline{A_2A_3}。$$

设 $|\overline{A_1A_3}|=a_2$，$|\overline{A_2A_3}|=a_1$，$|\overline{A_1A_2}|=a_3$，由余弦定理，得

$$|\overline{MN}|^2=|\overline{PM}|^2+|\overline{NP}|^2-2|\overline{NP}|\cdot|\overline{PM}|\cdot\cos\angle MPN$$

$$=\frac{1}{s^2}[a_2^2(t_1-s_1)^2+a_1^2(t_2-s_2)^2+2a_1a_2(t_1-s_1)(t_2-s_2)\cos A_3],$$

这就是面积坐标系里的两点距离公式。同理,这公式也可以用 t_1,t_3,s_1,s_3 或 t_2,t_3,s_2,s_3 来求,因而有恒等式

$$|\overline{MN}|^2=\frac{1}{s^2}[a_2^2(t_1-s_1)+a_1^2(t_2-s_2)^2+2a_1a_2(t_1-s_1)(t_2-s_2)\cos A_3]$$
$$=\frac{1}{s^2}[a_3^2(t_2-s_2)^2+a_2^2(t_3-s_3)^2+2a_2a_3(t_2-s_2)(t_3-s_3)\cos A_1]$$
$$=\frac{1}{s^2}[a_1^2(t_3-s_3)^2+a_3^2(t_1-s_1)^2+2a_3a_1(t_3-s_3)(t_1-s_1)\cos A_2]。\quad(9)$$

具体计算时,看需要而选定用哪个公式。当 $|a_1|=|a_2|=1$,且 $\overline{A_1A_2}\perp|\overline{A_2A_3}|$ 时,(9)式的第一个公式,正是直角坐标系里的距离公式。

如果采取规范重心坐标,令

$$M=(\mu_1:\mu_2:\mu_3),\left(\mu_1+\mu_2+\mu_3=1,\mu_i=\frac{s_i}{s}\right)$$

$$N=(\rho_1:\rho_2:\rho_3),\left(\rho_1+\rho_2+\rho_3=1,\rho_i=\frac{\tau_i}{s}\right)$$

(9)式可略写简化成

$$|\overline{MN}|^2=a_2^2(\rho_1-\mu_1)^2+a_1^2(\rho_2-\mu_2)^2+2a_1a_2(\rho_1-\mu_1)(\rho_2-\mu_2)\cos A_3$$
$$=a_3^2(\rho_2-\mu_2)^2+a_2^2(\rho_3-\mu_3)^2+2a_2a_3(\rho_2-\mu_2)(\rho_3-\mu_3)\cos A_1$$
$$=a_1^2(\rho_3-\mu_3)^2+a_3^2(\rho_1-\mu_1)^2+2a_3a_1(\rho_3-\mu_3)(\rho_1-\mu_1)\cos A_2。\quad(10)$$

这些公式关于三个坐标是不对称的,如果化成对称形式,就是

$$\overline{MN^2}=P_1(\rho_1-\mu_1)^2+P_2(\rho_2-\mu_2)^2+P_3(\rho_3-\mu_3)^2。\quad(11)$$

其中

$$P_1=\frac{1}{2}(a_2^2+a_3^2-a_1^2)=a_2a_3\cos A_1,$$

$$P_2=\frac{1}{2}(a_1^2+a_3^2-a_2^2)=a_1a_3\cos A_2,$$

$$P_3=\frac{1}{2}(a_1^2+a_3^2-a_3^2)=a_1a_2\cos A_3。$$

在(11)式中,以 $\rho_3=1-\rho_1-\rho_2$ 及 $\mu_3=1-\mu_1-\mu_2$ 代入,可化出(10)式的第一式。这些公式的推导,留给读者自己完成。

4.三角形的面积公式 设三点:

$L=(r_1,r_2,r_3),M=(s_1,s_2,s_3),N=(t_1,t_2,t_3)$。

分别过 L、M、N 作 A_3A_2 的平行线交 A_1A_3 于 L'、M'、N'(图 14-9),那么显然有

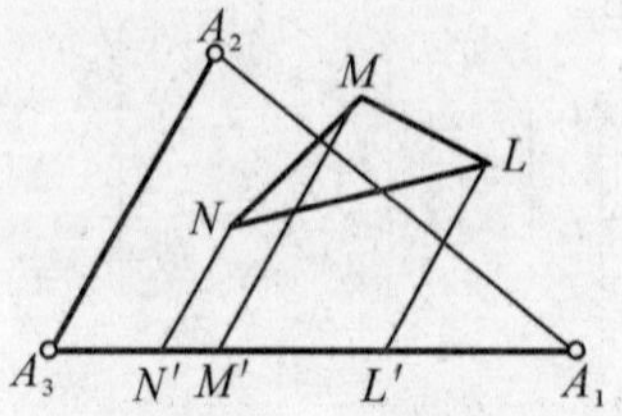

图 14-9

$$\overline{S}_{\triangle LMN}=\overline{S}_{LMM'L'}+\overline{S}_{MNN'M'}+\overline{S}_{NLL'N'}。$$

依照求距离公式的方法可得

$$\overline{LL'}=\frac{r_2}{s}\cdot\overline{A_2A_3},\quad \overline{MM'}=\frac{s_2}{s}\overline{A_2A_3},$$

$$\overline{M'A_3}=\frac{s_1}{s}\cdot\overline{A_1A_3},\quad \overline{L'A_3}=\frac{r_1}{s}\cdot\overline{A_1A_3},$$

$$\therefore\qquad \overline{L'M'}=\overline{L'A_3}-\overline{M'A_3}=\frac{r_1-s_1}{s}\overline{A_1A_3}。$$

由此求出梯形 $LMM'L'$ 的带号面积

$$\begin{aligned}\overline{S}_{LMM'L'}&=\frac{1}{2}|\overline{M'L'}|\cdot|\overline{MM'}+\overline{LL'}|\cdot\sin(\overline{M'L'}\cdot\overline{M'M})\\&=\frac{1}{2}\cdot\left(\frac{r_1-s_1}{s}\right)|\overline{A_3A_1}|\cdot\left(\frac{r_2+s_2}{s}\right)\cdot|\overline{A_3A_2}|\sin(\overline{A_3A_1},\overline{A_3A_2})\\&=\frac{1}{s}(r_1-s_1)(r_2+s_2)。\end{aligned}$$

同理

$$\overline{S}_{MNN'M'}=\frac{1}{s}(s_1-t_1)(s_2+t_2),$$

$$\overline{S}_{NLL'N'}=\frac{1}{s}(t_1-r_1)(t_2+r_2),$$

$$\therefore\quad \overline{S}_{\triangle LMN}=\frac{1}{s}[(r_1-s_1)(r_2+s_2)+(s_1-t_1)(s_2+t_2)+(t_1-r_1)(t_2+r_2)]$$

$$=\frac{1}{s}[r_1s_2-s_1r_2-s_1s_2+s_1s_2+s_1t_2-t_1s_2+t_1r_s-r_1t_s]$$

$$=\frac{1}{s}[(r_1-s_1)(s_2-t_2)-(r_2-s_2)(s_1-t_1)]$$

$$=\frac{1}{s}\begin{vmatrix} r_1-s_1 & s_1-t_1 \\ r_2-s_2 & s_2-t_s \end{vmatrix}=\frac{1}{s}\begin{vmatrix} 1 & 1 & 1 \\ r_1 & s_1 & t_1 \\ r_2 & s_2 & t_2 \end{vmatrix}。\tag{12}$$

类似地，得到另外两个公式

$$\overline{S}_{\triangle LMN}=\frac{1}{s}\begin{vmatrix} 1 & 1 & 1 \\ r_1 & s_1 & t_1 \\ r_2 & s_2 & t_2 \end{vmatrix}=\frac{1}{s}\begin{vmatrix} 1 & 1 & 1 \\ r_1 & s_2 & t_2 \\ r_2 & s_3 & t_3 \end{vmatrix}$$

$$=\frac{1}{s}\begin{vmatrix} 1 & 1 & 1 \\ r_3 & s_3 & t_3 \\ r_1 & s_1 & t_1 \end{vmatrix}。\tag{13}$$

把上式的第一行乘以 s，再减去第二、三行，得

$$\overline{S}_{\triangle LMN}=\frac{1}{s^2}\begin{vmatrix} r_1 & s_1 & t_1 \\ r_2 & s_2 & t_2 \\ r_3 & s_3 & t_3 \end{vmatrix}。\tag{14}$$

这就是面积坐标系里的三角形面积公式。

将上式化成规范重心坐标形式，得

$$\overline{S}_{\triangle LMN}=s\begin{vmatrix} \lambda_1 & \mu_1 & \rho_1 \\ \lambda_2 & \mu_2 & \rho_2 \\ \lambda_3 & \mu_3 & \rho_3 \end{vmatrix}。$$

$$\begin{cases} L=(\lambda_1:\lambda_2:\lambda_3),\lambda_1+\lambda_2+\lambda_3=1, \\ M=(\mu_1:\mu_2:\mu_3),\mu_1+\mu_2+\mu_3=1, \\ N=(\rho_1:\rho_2:\rho_3),\rho_1+\rho_2+\rho_3=1。\end{cases} \tag{15}$$

如果令(14)式或(15)式的右端等于 0,这又可以得到 L、M、N 三点共线的条件。

应用面积坐标解三角形的几何题,有时显得特别方便,这里我们仅举一例。有兴趣的读者请参看《初等数学论文》(3),杨路的文章《谈谈重心坐标》。

〔例〕 如图 14-20,$\triangle A_1A_2A_3$ 的外接圆半径为 R,圆心为 O。由平面上任一点 P 作 A_2A_3、A_3A_1、A_1A_2 的垂线,垂足顺次为 P_1、P_2、P_3。记 $\overline{S}_{\triangle A_1A_2A_3}=s$,$\overline{S}_{\triangle P_1P_2P_3}=\triangle$。求证:

$$\overline{OP^2}=R^2\left(1-\frac{4\triangle}{s}\right)。$$

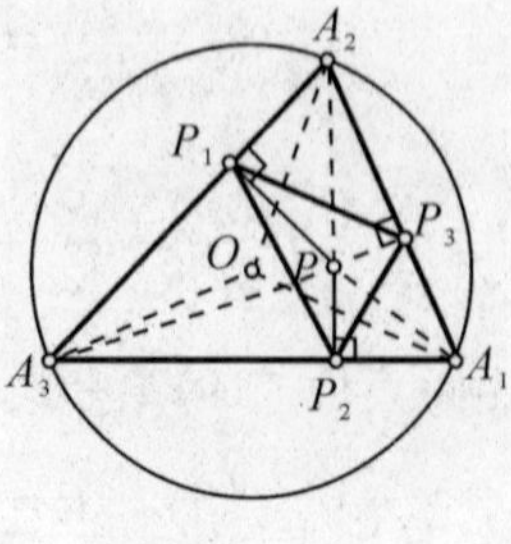

图 14-20

证明 设 P 在右手系 $\overline{S}_{\triangle A_1A_2A_3}$ 下的面积坐标为

$$P=(s_1,s_2,s_3)。$$

设 $\triangle A_1A_2A_3$ 的三边为 a_1、a_2、a_3,P 到 A_1A_2、A_2A_3、A_3A_1 的带号距离分别为 h_3、h_1、h_2,并约定点 P 在 $\triangle A_1A_2A_3$ 的内部时,h_1、h_2、h_3 均为正,于是当 $\overline{S}_{\triangle A_1A_2A_3}>0$(即 $\overline{S}_{\triangle A_1A_2A_3}$ 为右手系时),有

$$h_1=\frac{2s_1}{a_1},h_2=\frac{2s_2}{a_2},h_3=\frac{2s_3}{a_3}。$$

$$\begin{aligned} \therefore \quad \overline{S}_{\triangle P_1P_2P_3} &= \overline{S}_{\triangle PP_1P_2}+\overline{S}_{\triangle PP_2P_3}+\overline{S}_{\triangle PP_3P_1} \\ &= \frac{1}{2}(h_1h_2\sin A_3+h_2h_3\sin A_1+h_1h_3\sin A_2) \\ &= 2\left(\frac{s_1s_2}{a_1a_2}\sin A_3+\frac{s_2s_3}{a_2a_3}\sin A_1+\frac{s_1s_3}{a_1a_3}\sin A_2\right) \\ &= \frac{1}{Ra_1a_2a_3}(s_1s_2a_3^2+s_1s_3a_2^2+s_2s_3a_1^2)。\end{aligned}$$

$$\therefore \quad R^2\left(1-\frac{4\triangle}{s}\right)=R^2-\frac{4R^2\triangle}{s}$$

$$=R^2-\frac{1}{s}\cdot\frac{4R^2}{Ra_1a_2a_3}(s_1s_2a_3^2+s_1s_3a_2^2+s_2s_3a_1^2)$$

$$=R^2-\frac{1}{s^2}(s_1s_2a_3^2+s_1s_3a_2^2+s_2s_3a_1^2)。\tag{1}$$

另一方面,O 点的面积坐标为

$$O=\left(\frac{1}{2}R^2\sin 2A_1,\frac{1}{2}R^2\sin 2A_2,\frac{1}{2}R^2\sin 2A_3\right)$$

$$=(R^2\cos A_1\sin A_1,R^2\cos A_2\sin A_2,R^2\cos A_3\sin A_3)$$

$$=\left(\frac{Ra_1\cos A_1}{2},\frac{Ra_2\cos A_2}{2},\frac{Ra_3\cos A_3}{2}\right)$$

$$=\left(\frac{Ra_1P_1}{2a_2a_3},\frac{Ra_2P_2}{2a_1a_3},\frac{Ra_3P_3}{2a_1a_2}\right)。$$

由距离公式(9)第一式,得

$$\overline{OP^2}=\frac{1}{s^2}\left[a_2^2\left(\frac{Ra_1P_1}{2a_2a_3}-s_1\right)^2+a_1^2\left(\frac{Ra_2P_2}{2a_1a_3}-s_2\right)^2+\right.$$

$$\left.2P_3\left(\frac{Ra_1P_1}{2a_2a_3}-s_1\right)\left(\frac{Ra_2P_2}{2a_1a_3}-s_2\right)\right]$$

$$=\frac{1}{s^2}\left[s_1^2a_2^2+s_2^2a_1^2+2P_3s_1s_2\right.$$

$$-s_1a_2^2R\left(\frac{a_1P_1}{a_2a_3}+\frac{P_2P_3}{a_1a_2a_3}\right)-s_2a_1^2R\left(\frac{a_2P_2}{a_1a_3}+\frac{P_1P_3}{a_1a_2a_3}\right)$$

$$\left.+\frac{R^2}{4}\left(\frac{a_1^2P_1^2}{a_3^2}+\frac{a_2^2P_2^2}{a_3^2}+\frac{2P_1P_2P_3}{a_3^2}\right)\right]$$

利用关系式 $P_1+P_2=a_3^2,P_2+P_3=a_1^2,P_3+P_1=a_2^2$ 以及 $P_1P_2+P_2P_3+P_3P_1=4s^2$,得

$$\frac{a_1P_1}{a_2a_3}+\frac{P_2P_3}{a_1a_2a_3}=\frac{a_2P_2}{a_1a_3}+\frac{P_1P_3}{a_1a_2a_3}=\frac{1}{a_1a_2a_3}\cdot 4s^2=\frac{s}{R}$$

$$\frac{a_1^2P_1^2}{a_3^2}+\frac{a_2^2P_2^2}{a_3^2}+\frac{2P_1P_2P_3}{a_3^2}$$

$$=\frac{1}{a_3^2}[P_1P_2(P_1+P_2)+P_2P_3(P_1+P_2)+P_3P_1(P_1+P_3)]$$

$$=4s^2。$$

$$\therefore \qquad \overline{OP^2}=\frac{1}{s^2}[s_1^2a_2^2+s_2^2a_1^2+2P_3s_1s_2-(s_1a_2^2+s_2a_1^2)s+R^2s^2]$$

$$=R^2-\frac{1}{s^2}[(s_1a_2^2+s_2a_1^2)-2P_3s_1s_2-s_1^2a_2^2-s_2^2a_1^2] \qquad (2)$$

在(1)中利用 $s_3=s-s_1-s_2$ 消去 s_3，得

$$R^2\left(1-\frac{4\triangle}{s}\right)$$

$$=R^2-\frac{1}{s^2}[s_1s_2a_3^2+s_1(s-s_1-s_2)a_2^2+s_2(s-s_1-s_2)a_1^2]$$

$$=R^2-\frac{1}{s^2}[(s_1a_2^2+s_2a_1^2)s-(a_1^2+a_2^2-a_3^2)s_1s_2-s_1^2a_2^2-s_2^2a_1^2]$$

$$=R^2-\frac{1}{s^2}[(s_1a_2^2+s_2a_1^2)s-2P_3s_1s_2-s_1^2a_2^2-s_2^2a_1^2]。$$

即左边等于右边，从而证明了所要的等式。

从等式

$$R^2-R^2\cdot\frac{4\triangle}{s}=\overline{OP^2},$$

得

$$\frac{4\triangle}{s}=1-\frac{\overline{OP^2}}{R^2},$$

显然，当点 P 在 $\triangle A_1A_2A_3$ 的外接圆内部时，有 $\triangle>0$，在圆外时，有 $\triangle<0$，在圆上，即 $\overline{OP^2}=R^2$ 时，有 $\triangle=0$，即 P_1、P_2、P_3 共线，又得到了西姆松定理。

这个例题是个十分有用的命题，关于它的多种推论，读者可参看《初等数学论文》(3)，程龙的文章《垂足三角形》。此题如果用直角坐标系来做，而不取以 A_1、A_2、A_3 为基点的面积坐标，那么要难得多。

第十五章

向前还能走多远

我们看到，利用面积关系，不仅能解多种多样的题目；而且能在它的基础上，发展一般的理论，如面积坐标的理论。

如果走出平面几何的圈子，继续向前，还能走多远呢？

容易想到，在立体几何中，利用长度、角度与面积、体积的关系，同样可以提供有力的解题方法。确实，已经有人利用体积的计算建立了“立体角正弦”的定义，并证明了空间的正弦定理。同样，也可以建立体积坐标，高维的重心坐标，并使它成为有力的解题工具。

在平面上，也还有事情可做。如果不限于研究直线形的面积，而进一步研究曲线所包围的面积，那就开始进入高等数学的领域。古希腊数学家计算曲线所围的面积的方法，和积分法是相通的。我们在前面已提到，微积分中的一个基本的极限式$\frac{\sin x}{x}\to 1(x\to 0)$，就建立于面积包含关系之上，级数论中重要的“阿贝尔恒等式”（练习题一第 3 题），也可用面积关系来直观地表示。

还有，我们可以利用面积来建立某些函数的定义。例如，可以把“$\sin x$”定义为

“边长为 1，夹角为 x 的菱形的面积”(图 15-1)，这样，从定义出发很容易导出 $\sin x$ 的一系列基本性质。还可以在直角坐标系中画出 $y=\frac{1}{x}$ 的曲线(图 15-2)，然后，把直线 $x=1$ 和 $x=t$ 之间，x 轴之上，曲线之下的面积定义为 $\ln t$①，这样，也很容易导出函数 $\ln t$ 的基本性质

$$\ln(t_1\cdot t_2)=\ln t_1+\ln t_2。$$

这种定义方法，直观具体，比从 e^t 的反函数定义，在理论上更简捷。在国内外的较新的微积分教材中，已开始采用了。

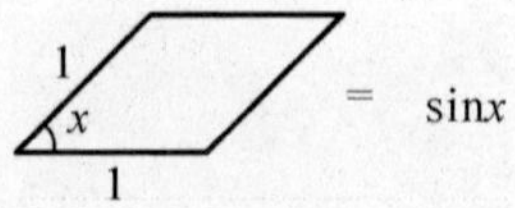

图 15-1

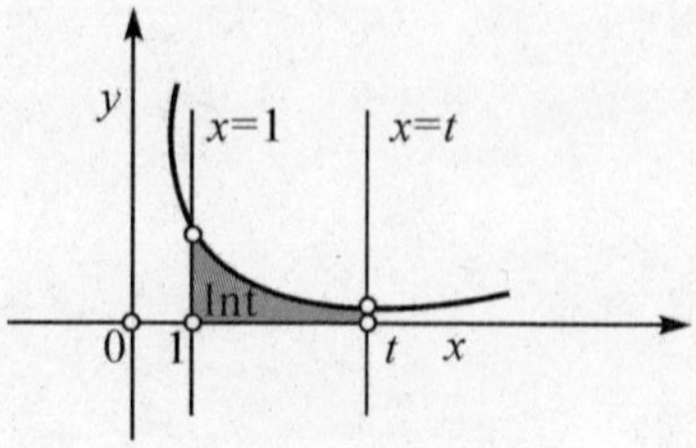

图 15-2

这样，两大类初等函数，都可以联系着面积来定义了。这种定义方法有它自己的特点和优点。

还可以提出这样的问题：“面积究竟是什么?”这就导向理论上更为深刻的“公理的面积论”和“测度论”。这一方面，读者不妨一读《初等数学论文》(2)中莫由的文章《什么是长度》，就会知道，从一个简单的问题出发，可以得到十分深刻的概念，十分有趣的结果。

有这么一个童话：一个孩子得到了一个奇妙的线球，线球在地上向前滚去，留下一条细细的银线，他沿着这条闪光的银线向前走去，看到了无数奇花异草，发现了许多宝藏。在数学的花园里，也并不缺少这类线球，跟着它，可以向前走得很远，可以看到许多有趣的东西。这本小册子里谈的“面积”，也可以算是一个小小的引人入胜的奇妙线球吧!

---

① 以 e 为底的对数，称自然对数，用记号“ln”表示。

参考答案

练习题的提示或简答

练习题一

3. 注意 $n=3$ 时的特例：

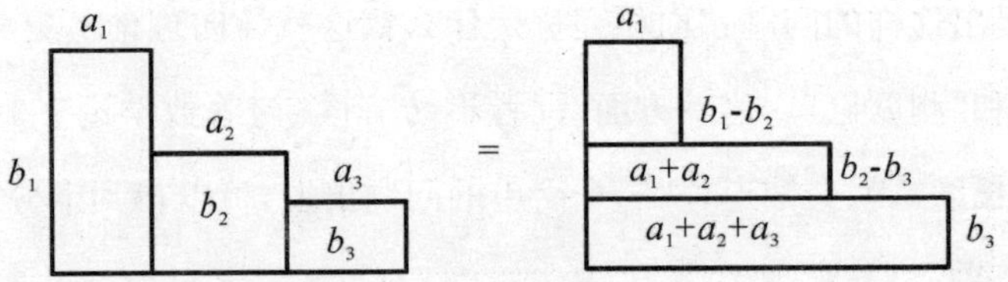

第 3 题图

练习题二

1. 将 $a=\dfrac{2S_{\triangle}}{h_a}, b=\dfrac{2S_{\triangle}}{h_b}, c=\dfrac{2S_{\triangle}}{h_c}$ 代入海伦公式，得

$$S_{\triangle}^2=S_{\triangle}^4\left(\frac{1}{h_a}+\frac{1}{h_b}+\frac{1}{h_c}\right)\left(-\frac{1}{h_a}+\frac{1}{h_b}+\frac{1}{h_c}\right)\cdot\left(\frac{1}{h_a}-\frac{1}{h_b}+\frac{1}{h_c}\right)\left(\frac{1}{h_a}+\frac{1}{h_b}-\frac{1}{h_c}\right)。$$

求出 $S_{\triangle}$，再求 a、b、c。

3. 由 $S_{\triangle}=\frac{1}{2}ab\sin C=\frac{1}{2}bc\sin A$ 解出

$$c=\frac{a\sin C}{\sin A}=\frac{a\sin C}{\sin(B+C)},$$

$$\therefore \qquad S_{\triangle}=\frac{1}{2}ac\sin B=\frac{1}{2}a^2\cdot\frac{\sin B\sin C}{\sin(B+C)}。$$

练习题三

2. 如图，有

$$S_{\triangle ACQ}-S_{\triangle BPQ}=S_{\triangle ACC^*}-S_{\triangle ABC^*}-S_{\triangle CPC^*}+S_{\triangle BPC^*}$$

再用面积公式

$$S_{\triangle ACC^*}=\frac{1}{2}AC^*\cdot CC^*\sin C^*$$

等代入。

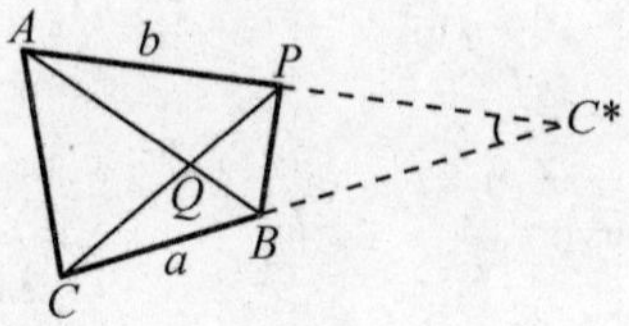

第 2 题图

练习题四

2. 利用例 3 的结果，在$\triangle ABC$中，令 $A=2\alpha$、$B=2\beta$，A、B 的角平分线分别为 f_A、f_B，当 $b\leqslant a$ 时，$\cos\alpha\leqslant\cos\beta$，

$$\therefore \qquad f_A=\frac{2bc\cos\alpha}{b+c}=\frac{2\cos\alpha}{\frac{1}{c}+\frac{1}{b}}\leqslant\frac{2\cos\beta}{\frac{1}{c}+\frac{1}{a}}=f_B。$$

3. 注意到：$\frac{b}{c}=\frac{S_{\triangle \mathrm{II}}}{S_{\triangle \mathrm{I}}}$。

4. 在例 5 的方程式(1)、(2)、(3)、(4)中，(4)变为

$$\frac{\sin(\alpha+\beta)}{c}=\frac{\sin\beta}{a}。(因\angle LKA=180^\circ-\angle KAC)$$

所以最后的结果成为$\frac{2}{l}-\frac{1}{f}=0$，即 $l=2f$。

5. 仿例 5 的方法，以占 A 为视点。

练习题五

1. (1)如果 $A=A'$，$B=B'$，显然 $C=C'$，由正弦定理得

$$\frac{a}{a'}=\frac{b}{b'}=\frac{c}{c'}=k;$$

(2)如果三边成比例，则 $a=ka'$，$b=kb'$，$c=kc'$，代入余弦定理可算出 $A=A'$等；

(3)如果 $A=A'$，而 $b=kb'$，$c=kc'$，用余弦定理算出 $a=ka'$，当 $k=1$ 时均为全等条件。

3. 如图，作 α、β 公共边的垂线，交 α 边延长线于 C'，对$\triangle ADC$ 写出面积方程。

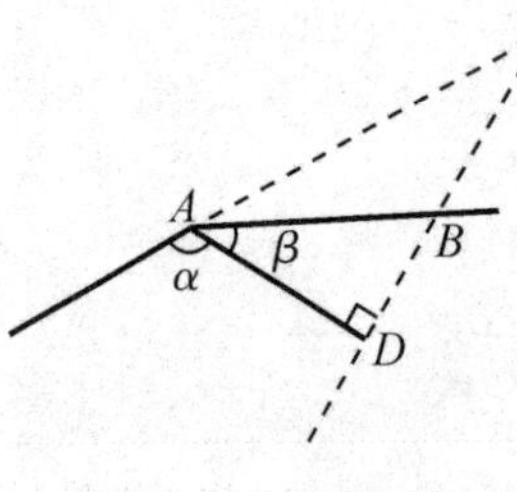

第 3 题图

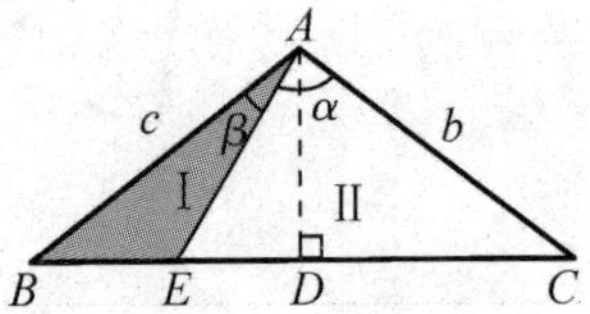

第 5 题图

5. 如图，作顶角为$(\alpha+\beta)$的等腰$\triangle ABC$，那么

$$\begin{aligned}S_{\triangle \mathrm{I}}+S_{\triangle \mathrm{II}}&=AD\cdot BD\\&=c\sin\frac{A}{2}\cdot l\cos\angle DAE,\end{aligned}$$

而 $A=\alpha+\beta$，$\angle DAE=\frac{\alpha-\beta}{2}$。另一方面，

$$S_{\triangle \mathrm{I}}=\frac{1}{2}cl\sin\beta, S_{\triangle \mathrm{II}}=\frac{1}{2}bl\sin\alpha,$$

代入即得。

6. 注意到

$$\sin^2 C = \sin^2(A+B)$$

$$= \sin^2 A\cos^2 B + \sin^2 A\cos^2 A + 2\sin A\sin B\cos A\cos B。$$

可化为

$$\sin^2 C = \sin^2 A + \sin^2 B + 2\sin A\sin B(\cos A\cos B - \sin A\sin B)。$$

再用正弦定理及余弦和角公式即可证得。

练习题六

2. 用例 1 的方法，考虑比值$\triangle AMF:\triangle AMH$。

3. 由 $S_{\triangle CAB}=S_{\triangle DAB}$ 得 $S_{\triangle PAD}=S_{\triangle PBC}$，再注意到梯形的高为

$$AD\sin\alpha = BC\sin\beta,$$

对$\triangle PAD$、$\triangle PBC$ 使用斜高公式即可证得。

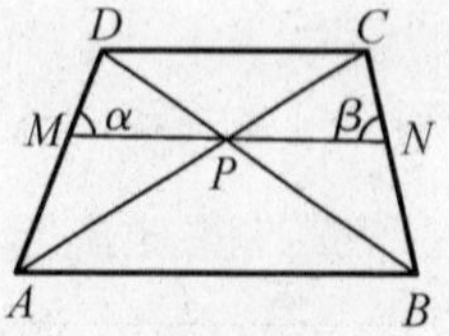

第 3 题图

5. 与例 4 相似，列出面积方程

$$S_{ABCD} - S_{\triangle PDC} = S_{\triangle PAB} + S_{\triangle PAD} + S_{\triangle PBC}。$$

6. 要证明 $MN=NF$，只需证明

$$S_{\triangle AMC} = S_{\triangle AFC}。$$

要证明 $$S_{\triangle AMC} = S_{\triangle AFC},$$

只需证明 $$AC \cdot AM\sin\alpha = AC \cdot CF\sin\angle ACF,$$

也就是证明 $$AM\sin\alpha = CF\sin(2\beta - \gamma)。$$

但

$$AM = AD - DM = AD - CF\sin 2\beta$$

$$= AD(1 - \tan\alpha\sin 2\beta),$$

$$CF = DC = AD\tan\alpha,$$

所以归结为证明

$$(1 - \tan\alpha\sin 2\beta)\sin\alpha = \tan\alpha\sin(2\beta - \gamma)。$$

由于 $\alpha+\gamma=90°$，$2\tan\beta=\cot\alpha$，容易证明等式成立。

7. 这一题的证法很多，用面积关系证明的一种方法是，列出△ABC 面积方程

$$S_{\triangle ABC}=2S_{\triangle AEC}+S_{\triangle BEC},$$

即

$$AC^2\sin 2\alpha=EF\cdot BC+2hAC。$$

这种 h 为 E 到 AC 的距离，然后利用

$$AC=AD\cos\alpha, BC=2AC\sin\alpha=AD\sin 2\alpha,$$

又

$$OD=OG=OH,$$

$$OD+\frac{OG}{\sin\alpha}=AD, OE=OG\sin\alpha,$$

利用这些关系，容易证得 $EF=h$。

8. 考虑比值 $S_{\triangle APC}:S_{\triangle BQC}$。

10. 证明方法同例 6。

11. 这一题是例 2 的逆命题，将例 2 的证法逆推，即可证得。

练习题七

2. 用 $S_{\triangle AED}$、$S_{\triangle BED}$、$S_{\triangle CED}$ 的比代替线段的比。

4. 注意到用比例式

$$\frac{AP}{AD}=\frac{S_{\triangle ABC}-S_{\triangle PBC}}{S_{\triangle ABC}}$$

等去证明。

5. 用例 2 的方法证明。

7. 如图，

$$S_{\triangle ADE}=\frac{1}{3}S_{\triangle ADC},$$

$$S_{\triangle BCH}=\frac{1}{3}S_{\triangle ABC},$$

∴

$$S_{AHCE}=\frac{2}{3}S_{ABCD}。$$

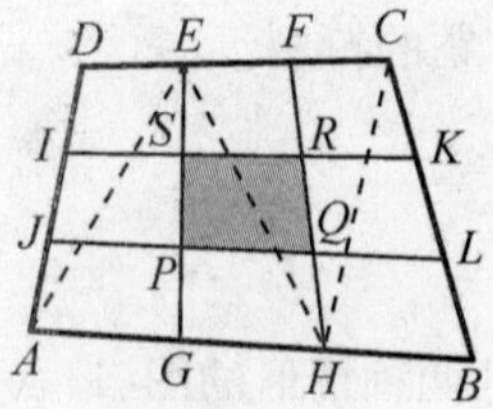

第 7 题图

又 $AG=GH, CF=FE, S_{GHFE}=\frac{1}{2}S_{AHCE}$。然后用第八章例 3 的结果，证明阴影部分面积为$\frac{1}{3}S_{GHFE}$。

8. 用以 P 为顶点的各三角形面积比代替线段的比，再用面积公式代入，得证。

9. 用张角关系证明。

10. 由张角关系可推得$\frac{1}{PA}+\frac{1}{PB}=\frac{1}{PC}+\frac{1}{PD}$。

11. 这是例 5 的推广，证法同例 5。

12. 利用 A 点对 B、E、C 的张角关系证明。

13. 注意：

$$\frac{1}{2}(DC\cdot BC+AB\cdot AD)\sin\angle BAD=S_{ABCD}$$

以及

$$2R\sin\angle BAD=BD;$$

这里 R 是圆的半径。

练习题八

1. 利用

$$\frac{DO}{CO}=\frac{S_{\triangle BED}}{S_{\triangle ADE}}\cdot\frac{S_{\triangle ADE}}{S_{\triangle ABE}}\cdot\frac{S_{\triangle ABE}}{S_{\triangle BCE}}。$$

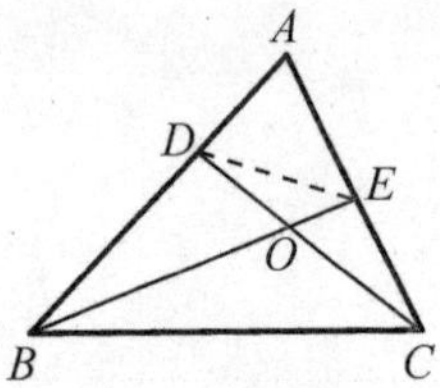

第 1 题图

2. 这是例 2(1)的逆命题。利用 $S_{\triangle GAC}=S_{\triangle OAC}$。可得

$$\frac{1}{2}r\cdot AC=\frac{1}{3}S_{\triangle ABC}=\frac{r}{6}(AB+BC+CA)。$$

3. 4. 用例 3 的方法证明。

5. 这一题是练习题七第 12 题的特例。

练习题九

3. 分别作出 T 在圆内、圆外两种情形的图(1)、(2)。

连接 AT、BT 分别交圆周于 D、E。又设圆心为 O。连接 OT 交圆周于 M、N。由于 A、P、T、S 共圆，

∴ $$\angle PST=\angle TAB。$$

又因为 B、S、T、Q 共圆，所以

$$\angle QST=\angle TBQ。$$

此外，显然有 $$\angle PAT=\angle CBD,$$

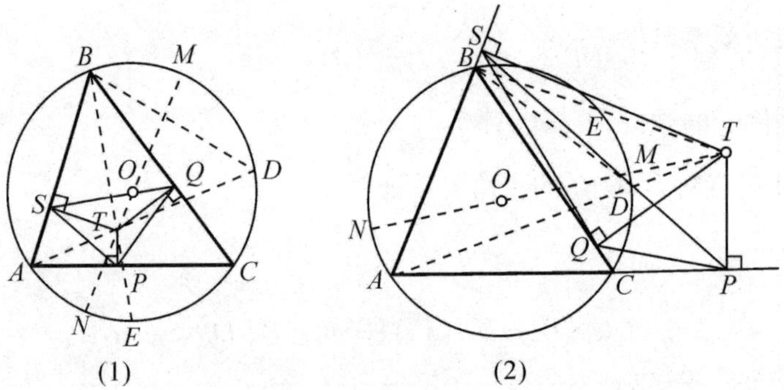

第 3 题图

∴ $$\angle PSQ=\angle EBD。$$

∴ $$S_{\triangle QPS}=\frac{1}{2}PS\cdot QS\cdot\sin\angle PSQ$$

$$=\frac{1}{2}PS\cdot QS\cdot\sin EBD。$$

又因为 AT、BT 分别是 $APTS$、$BSTQ$ 外接圆的直径，

∴ $$PS=AT\sin A, QS=BT\sin B。$$

又因为 $\angle BDA=\angle C$，在 $\triangle BTD$ 中用正弦定理得

$$\frac{BT}{DT}=\frac{\sin D}{\sin\angle TBD}=\frac{\sin C}{\sin\angle DBE},$$

$$\therefore \qquad S_{\triangle QPS}=\frac{1}{2}AT\cdot DT\cdot \sin A\cdot \sin B\cdot \sin C。$$

由圆幂定理,得

$$AT\cdot DT=MT\cdot NT=\pm(R^2-d^2)=|R^2-d^2|,$$

$$\therefore \qquad S_{\triangle QPS}=\frac{1}{2}|R^2-d^2|\sin A\sin B\sin C。$$

4. 证明 $S_{ABCD}=S_{\triangle ABE}+S_{\triangle BCE}+S_{\triangle DAE}$。

5. 以下只讨论如图所示的这种情形,其他情形读者自己讨论。

由于 M 是 AC 的中点,N 是 BD 的中点,

$$\therefore \qquad 2S_{\triangle ANM}=S_{\triangle ANC}$$

$$=S_{\triangle AND}+S_{\triangle CDN}-S_{\triangle ACD}$$

$$=\frac{S}{2}-S_{\triangle ACD}, \qquad (1)$$

这里 $S=S_{ABCD}$。

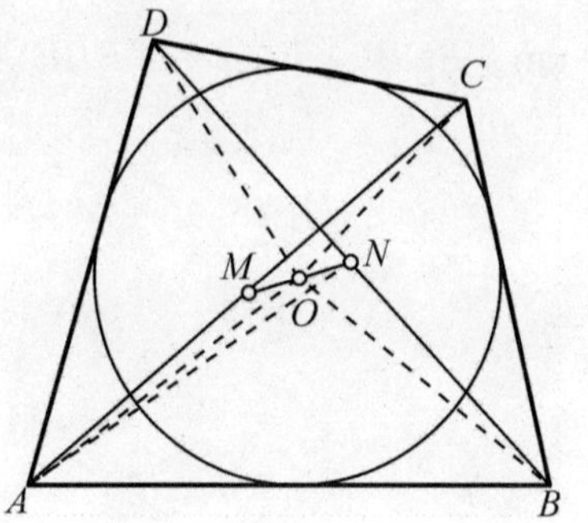

第 5 题图

设⊙O 的半径为 r,那么

$$2S_{\triangle AOM}=S_{\triangle AOC}=S_{\triangle AOD}+S_{\triangle OCD}-S_{\triangle ACD}$$

$$\frac{r}{2}(AD+DC)-S_{\triangle ACD}。 \qquad (2)$$

另一方面,

$$2S_{\triangle ANO}=2(S_{\triangle AND}-S_{\triangle AOD}-S_{\triangle OND})$$

$$=2S_{\triangle AND}-2S_{\triangle AOD}-(S_{\triangle OBC}+S_{\triangle OCD}-S_{\triangle BCD})$$

$$=2S_{\triangle AND}-r\cdot AD-\frac{r}{2}(BC+CD)+S_{\triangle BCD}$$

$$=S_{\triangle ABD}-\frac{r}{2}(2AD+BC+CD)+S_{\triangle BCD}$$

$$=S-\frac{r}{2}(2AD+BC+CD),$$

∴ $$2(S_{\triangle ANO}+S_{\triangle AOM})=S-\frac{r}{2}(AD+BC)-S_{\triangle ACD}$$

$$=\frac{S}{2}-S_{\triangle ACD}=2S_{\triangle ANM}。$$

（上面最后一步用到外切四边形性质：$AB+CD=BC+DA$）。

6. 证明

$S_{\triangle AFH}+S_{\triangle AHC}=S_{\triangle AFC}$。

这里 D、E、F 分别为 a、b、c 三边上的垂足，而 H 为 AD、BE 的交点，利用

$FA:FB=\tan\angle FCA:\tan\angle FCB$，$\angle FCA=\angle FBE$ 及本章例 5 的方法容易证得。

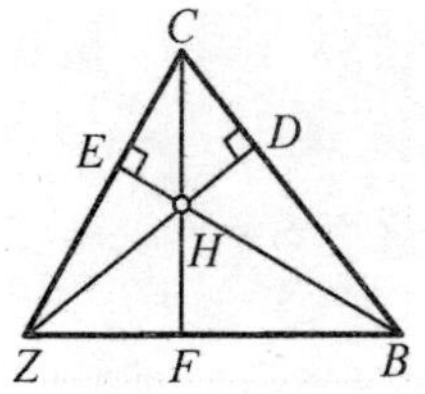

第 6 题图

练习题十

1. 方法同例 2。

2. 方法同例 4。

3. 利用面积关系 $S_{ABCD}=S_{\triangle OAB}+S_{\triangle OCD}+2S_{\triangle OBC}$，

令 $\angle DAB=\alpha$，$\cos\alpha=x$，那么 $AD=\frac{5}{\sin\alpha}$，$DC=AB-2AD\cos\alpha$。

利用这些等式列出 x 所满足的方程即可求得。

第 3 题图

4. 利用练习题八第 1 题的结果，求得 $AR:RD=3:4$。于是 $AR=\frac{3}{7}AD$，因而

$$S_{\triangle ABR}=\frac{3}{7}S_{\triangle ABD}=\frac{3}{7}\cdot\frac{2}{3}\cdot S_{\triangle ABC},$$

同理 $$S_{\triangle BCP}=S_{\triangle CAQ}=\frac{2}{7}S_{\triangle ABC}。$$

再从 $$S_{\triangle PQR}=S_{\triangle ABC}-S_{\triangle ABR}-S_{\triangle BCP}-S_{\triangle CAQ}$$

即可求得。

5. 这是第 4 题的推广，证法同上。

6. 由

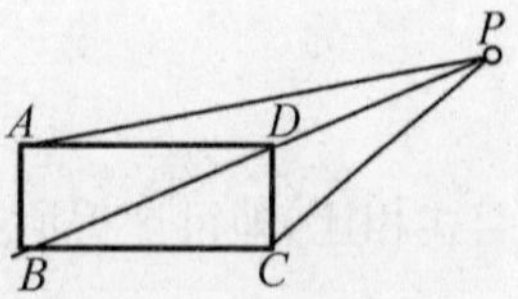

第 6 题图

$$S_{\triangle APD}=\frac{1}{2}AP\cdot AD\sin\angle PAD,$$

$$S_{\triangle APB}=\frac{1}{2}AP\cdot AB\sin\angle PAB,$$

相比，得

$$\frac{PD}{PB}=\frac{S_{\triangle APD}}{S_{\triangle APB}}=\frac{AD\sin\angle PAD}{AB\sin\angle PAB}=2\tan\angle PAD,$$

同理 $$\frac{PD}{PB}=\frac{1}{2}\tan\angle PCD,$$

设 $$\frac{PD}{PB}=x,$$

∴ $$\tan(\angle PAD+\angle PCD)=\cot\angle APC=\frac{\frac{1}{2}x+2x}{1-x^2}=\frac{5}{3},$$

解得 $x=\frac{1}{2}$，即 $PD=BD=\sqrt{5}$。

7. 利用

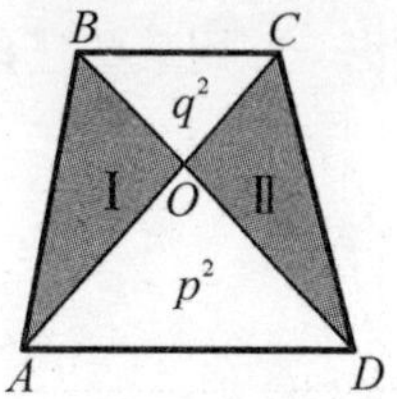

第 7 题图

$$S_{\triangle Ⅰ}=S_{\triangle Ⅱ}=\frac{AO}{OC}\triangle BOC=pq,$$

得 $$S_{ABCD}=(p+q)^2。$$

8. 用第 59 页导出欧拉公式的方法证明。

练习题十一

1. 以 G 为视点，分别对 B、E、N 及 C、F、M 用张角关系，得

$$\frac{\sin(\alpha+\beta)}{EG}=\frac{\sin\alpha}{BG}+\frac{\sin\beta}{NG},$$

$$\frac{\sin(\alpha+\beta)}{FG}=\frac{\sin\alpha}{MG}+\frac{\sin\beta}{CG}。$$

两式相比，即可证得所要的不等式。

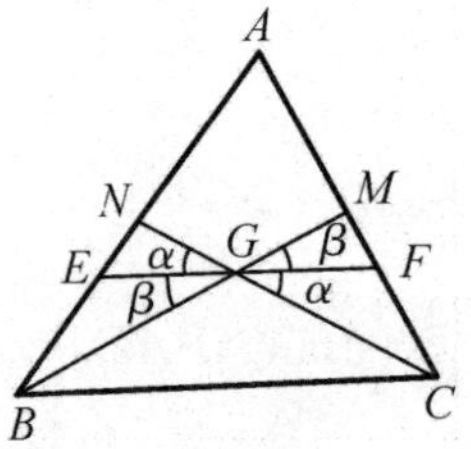

第 1 题图

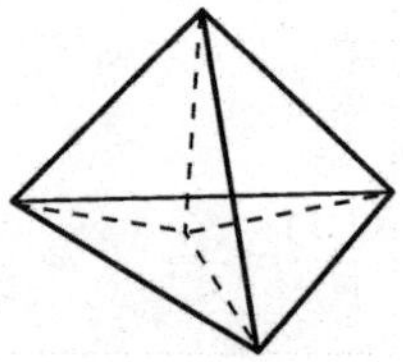

第 2 题图

2. 设四面体四个面的面积为 a、b、c、d，各二面角分别为 $\widehat{a,b}$，$\widehat{a,c}$，$\widehat{a,d}$，$\widehat{b,c}$，$\widehat{b,d}$，$\widehat{c,d}$。由投影可知

$$b\cos\widehat{a,b}+c\cos\widehat{a,c}+d\cos\widehat{a,d}=a,$$

$$\therefore \qquad bcd\cos\widehat{a,b}\cdot\cos\widehat{a,c}\cdot\cos\widehat{a,d}\leqslant\frac{a^3}{27}。$$

再写出类似的另外三个不等式，连乘即得。

3. 用某些三角形面积表示图中 $\sin\alpha$、$\sin\beta$、$\sin\gamma$，即可证得。

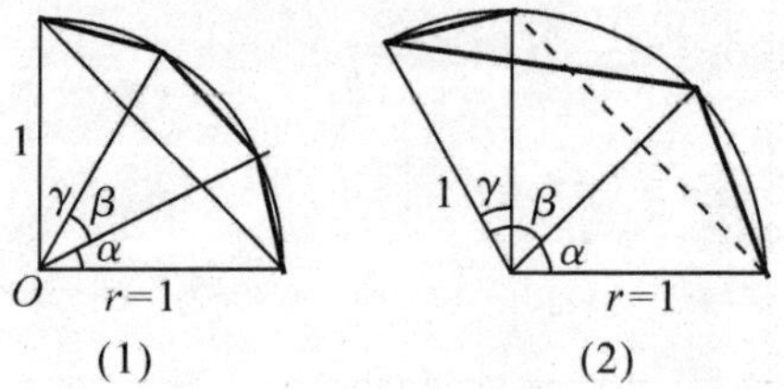

第 3 题图

4. 注意 $FD+PE+PF$ 为 $\triangle ABC$ 的高，并利用斜高公式证明。

5. 作 $\triangle ABC$ 的外接圆 $\odot O$，直线 PC 交 $\odot O$ 于 Q。作直径 QC'，过 Q 作直线交

直线 $C'B$ 于 A'，交直线 $C'A$ 于 B'，并使 $\angle A'=\angle B'=60°$。那么 $QB\perp A'C$，$QA\perp B'C'$，由上面第 4 题的结论知

$$PA+PB+PQ\geqslant QA+QB。$$

另一方面，由 $\angle A'=\angle B'=\angle AC'C$，所以 $C'C\parallel A'B'$，CQ 为 $\triangle A'B'C'$ 在 $A'B'$ 边上的高。由练习题八第 3 题结论知 $QA+QB=QC$。

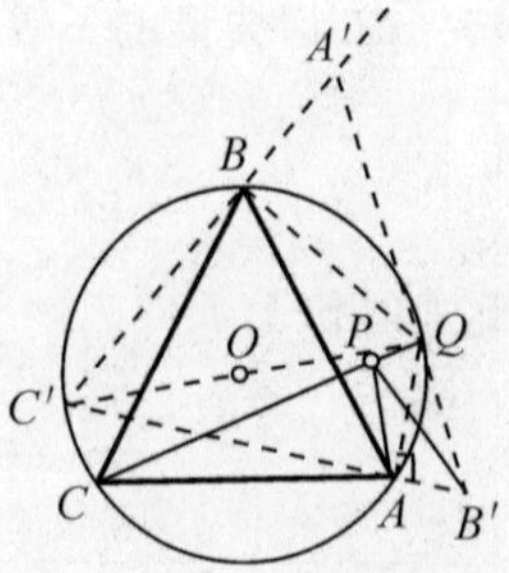

第 5 题图

∴ $$PA+PB+PQ\geqslant QC。$$

即 $$PA+PB\geqslant QC-QP=PC。$$

当 P、Q 重合时，等式成立。即点 P 在 $\overset{\frown}{AB}$ 上时等式成立。

6. 注意：$S_{\triangle ABO}:S_{\triangle ADO}=S_{\triangle BCO}:S_{\triangle CDO}$。

8. 直接用海伦公式，或利用

$$S_{\triangle ABC}=\frac{1}{2}ab\sin C=\frac{1}{2}bc\sin A=\frac{1}{2}ca\sin B,$$

及平均不等式证明。

9. 用类似于例 4 的方法。先列出三个等式，再连乘，转化为所要证的不等式。

10. 如图，当 $a_1+a_2+a_3\leqslant 100$ 时，对角线上的那些小正方形不可能把阴影部分填满。为证实这个结论，只要把所有的小正方形向上平移到靠上边线处，就很清楚了。

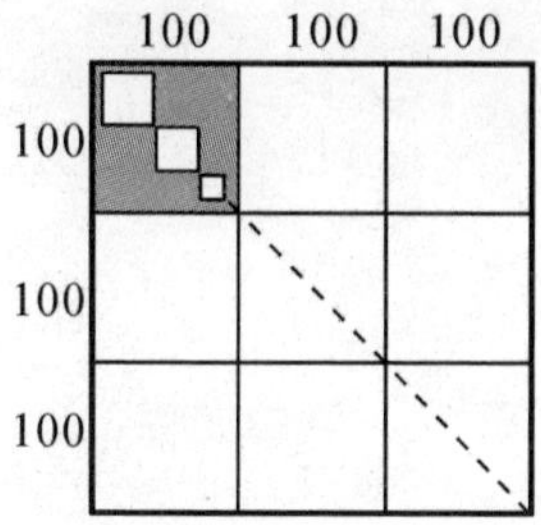

第 10 题图

11. 利用 $\frac{1}{2}r(a+b+c)=\triangle=\frac{abc}{4R}$，$a=2R\sin A$，$b=2R\sin B$，$c=2R\sin C$ 及平均不等式证明。

12. 所要证的不等式等价于

$$\sin^2 A+\sin^2 B+\sin^2 C\leqslant\frac{9}{4}。$$

此式等价于

$$\sin(2A-90°)+\sin(2B-90°)+\sin(2C-90°)\leqslant\frac{3}{2}。$$